「以前從來沒有看過他這麼舒服自在的樣子，我嚇了一跳。」

有許多爸媽在見到按摩完或是幼兒針灸療程結束後的孩子都會這麼說。有些孩子會在療程結束後全身放鬆而睡著，有些孩子則是表情愉快地哼著歌，甚至跳起舞來。有一些據說原本很怕生的孩子，療程結束後就直接坐在我的腿上玩起遊戲。這些都是因為當我們的身體感受到體貼的舒適感，就會感到安心，進而敞開心房，孩子也因而表現出自己原有的活力。看起來就像是生命在閃閃發光一樣。

本書介紹了許多能引導孩子散發出生命光輝的按摩、撫觸以及小遊戲。藉由親子、夫妻、家人之間的親密按摩，不但能促進身心健康，還能發現彼此嶄新的一面。

若本書能在孩子的成長過程中幫上一點忙，進而幫助您加深親子、家人間的感情，我會感到萬分欣喜。

指壓按摩師、針灸師　**山口綾子**

百萬媽咪都想學的寶寶按摩聖經

PART 3 根據不同的症狀體質選擇按摩方式

Column

PART 4 好開心！邊唱歌邊按摩

Column

PART 5

配合孩子的成長改變照顧方式

PART 7 給爸爸、媽媽的按摩法

PART 8 按摩Q&A

PART
1

「撫觸」的重要性

撫觸孩子時，孩子體內愛的激素會增加，
可以提高運動能力、還會變得更聰明……等。
幫寶寶按摩不只輕鬆，
還能成為您與寶寶珍貴的愉快時光！
今天就開始嘗試吧！
按摩對寶寶的大腦與身體都有非常好的幫助。

光是「和孩子彼此碰觸」，就有許多良好的效果

媽媽和孩子彼此撫觸，是親子間最基礎的互動方式。其實，這個動作當中，還隱藏了許多令人驚奇的效果。

撫觸是建立信賴關係的第一步

「媽媽們，妳每天都有摸摸寶寶嗎？」聽到這個問題，或許許多媽媽都會覺得不可思議：「為什麼要問這麼理所當然的事情呢？」

其實，這是因為摸頭等親密撫觸，以及一些在日常生活中非常自然的動作，**在孩子的身心、大腦發育過程中扮演著非常重要的角色**。小時候，當媽媽緊握住我們的手，或是抱住我們的身體，不安或緊張的情緒便會自然緩解。請試著回想起當時的感覺。

最輕鬆、也是最重要的互動

據說寶寶在出生後到滿1歲前，**能夠藉由媽媽的撫觸建立兩種信任感**。第一種是「實際感受到自己具有出生在這世上的價值，是受到期待的新生命」，因而感到安心，也就是**對自己存在價值的信任感**。另一種則是對溫柔撫觸自己的媽媽，以及**身邊的人產生的信任感**。

互相撫觸能夠讓媽媽與寶寶培養出信賴關係，加深親子之間的情感，是最簡單但重要的親子互動。

一開始只需要先「摸摸寶寶」

進行親子彼此的「撫觸」時，並不是單純地長時間撫觸寶寶就好。

重點在於撫觸寶寶時，要滿懷慈愛。最好的撫觸方法是讓寶寶能夠清楚感受到媽媽對自己的愛。

當您覺得寶寶很可愛時，請自然地看向寶寶的眼睛，一邊對寶寶說話一邊撫觸他。用這種方式表現母愛，效果是最棒的。

撫觸寶寶時請不要想著「我很忙」或是「好麻煩」，**即使彼此接觸的時間很短也沒關係，請專心與寶寶充分互動。**一開始就先試著用慈愛的心情摸摸寶寶吧！

10題撫觸小測驗

您和寶貝的撫觸頻率如何？

7個✓以上：親密接觸足夠
5～6個✓：親密接觸稍微不足
4個✓以下：親密接觸不足

- ☐ 常常抱抱、背背寶貝
- ☐ 常常和寶貝手牽手
- ☐ 誇獎寶貝時，會摸摸他的頭
- ☐ 寶貝睡覺時，會陪著他睡
- ☐ 常常親親寶貝，或是和他臉碰臉
- ☐ 常常和寶貝玩互相撫觸的遊戲
- ☐ 常常和寶貝玩互相搔癢的遊戲
- ☐ 幫寶貝換尿布、衣服時，會摸摸他的腿或肚子
- ☐ 幫寶貝洗澡時，會用手幫他清洗
- ☐ 寶貝哭泣時，會擁抱他

藉由撫觸「肌膚」，能幫助心理與腦部發育

孩子對於觸摸非常敏感，能夠藉由碰觸其他物品，以及媽媽的撫觸學習各種感受。

接觸是認識事物的第一個方法

撫觸孩子的肌膚，不但可以讓孩子對自己和身邊的人**產生基本的信任感**，還能刺激大腦、心理與身體。

在視覺、聽覺、觸覺、味覺與嗅覺這五感當中，第一個開始發展的是觸覺。剛剛出生的寶寶，五感中最敏感的也是觸覺。接觸是寶寶認識事物的第一個方法。寶寶不管碰到什麼東西都會用手抓起來往嘴巴裡放，就是因為他們要用手和舌頭來確認「這是什麼？」

刺激皮膚，就會連帶刺激大腦

讓寶寶碰觸物品固然重要，但「讓他人碰觸寶寶」也同樣很重要。觸覺與視覺、聽覺不同，是用全身來感覺的五感。而且，皮膚受到刺激時，大腦會直接產生反應，撫摸寶寶的全身，**也是在幫助寶寶的大腦發展與身心成長。**

在五感當中，觸覺是其他四種感覺的基礎。接觸各種不同的物品，以及被人碰觸，這些經驗能夠培養其他四感。因此，「接觸」是非常重要的功課，能夠讓寶寶日後生動感受各種事物。

撫觸肌膚，對大腦、心理、身體都有正面影響

大腦

皮膚有時又被稱為「外露的腦部」，皮膚受到的刺激會直接傳達到大腦。因此，**刺激皮膚可說是促進大腦發展的捷徑**。當控制感情與行為的前額葉受到刺激時，能夠提高我們的鬥志，進而幫助智能發展。

幫助智能發展

身體

撫觸寶寶的肌膚時，寶寶全身都會放鬆，因此**具有加深睡眠、減少夜哭的效果**。此外，睡眠還會促使生長激素分泌，增加身高、體重，幫助寶寶健康長大。撫觸除了提高身體的運動機能之外，還能放鬆肌肉，促進淋巴系統運作，提高免疫力及抵抗力。

心理

撫觸能讓寶寶產生安心感，培養寶寶成為對人和善、處事鎮定、**情緒安定的孩子**。並促使寶寶產生行動力與好奇心，同時培養出獨立心。培養出對他人的基本信任感後，與外界接觸時便能發揮社會性。

健康成長

產生安心感

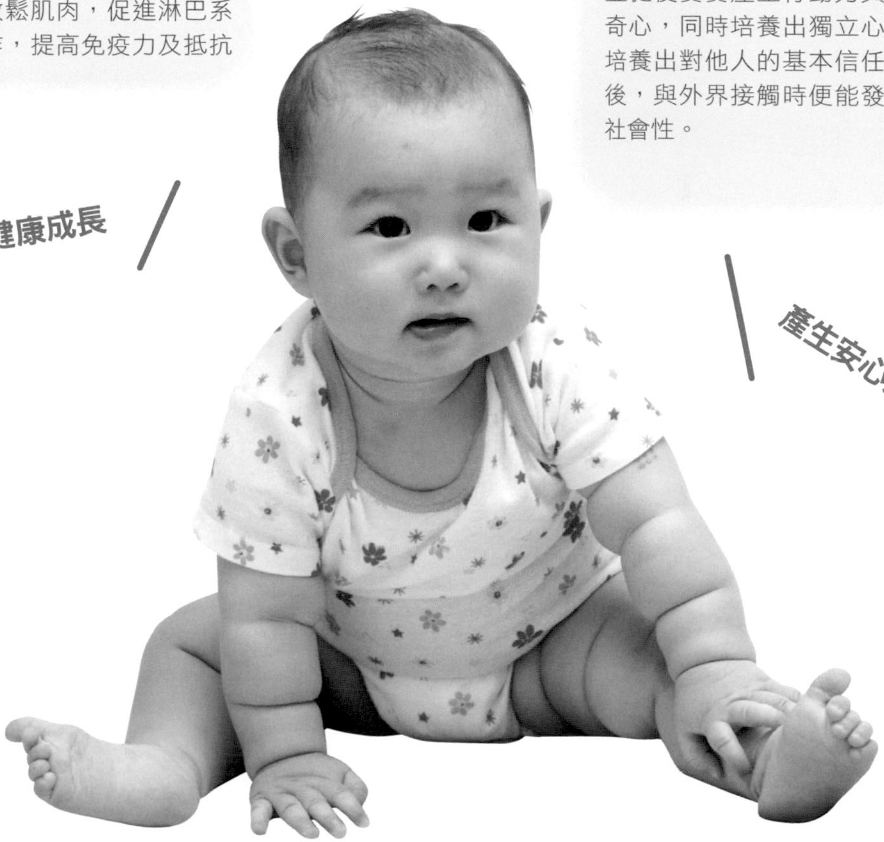

重新發現日式育兒法的優點

把寶寶背在背上做家事、讓孩子睡在爸媽中間……這些日本過去的育兒方法讓媽媽有許多機會與寶寶肌膚相親。目前，這樣的傳統育兒法開始重新受到矚目。

日式「親密育兒」讓親子距離更貼近

從前人們較容易對育兒有「每件事都很麻煩」的負面印象，不過近來，**日式傳統的育兒方法再度受到矚目。**

日本過去的育兒方式，是**讓寶寶和媽媽一起度過一天中大部分的時間，彼此肌膚相觸的「親密育兒法」**。媽媽做家事時用背帶把寶寶背在背上，媽媽沒辦法背時，自然就會由其他人幫忙哄寶寶。晚上睡覺時，孩子就躺在爸媽中間，三個人睡成「川」字。

不只如此，親子以前也會進行積極的親密接觸。直到江戶時代為止，都有進行小兒按摩（小兒推拿）的習慣。這也可說是今日寶寶按摩的原型。

另外，由於早期鄰里的人際關係較為密切，孩子從小就會在廣大社會中接觸各種不同的人。

藉由這些育兒方式，便能**自然培養出日本人奉為美德的協調性與體貼。**

親密育兒的優點

和嬰幼兒期的寶寶充分親密接觸，可以培養孩子的獨立心。

與孩子肌膚相親的日式傳統育兒法

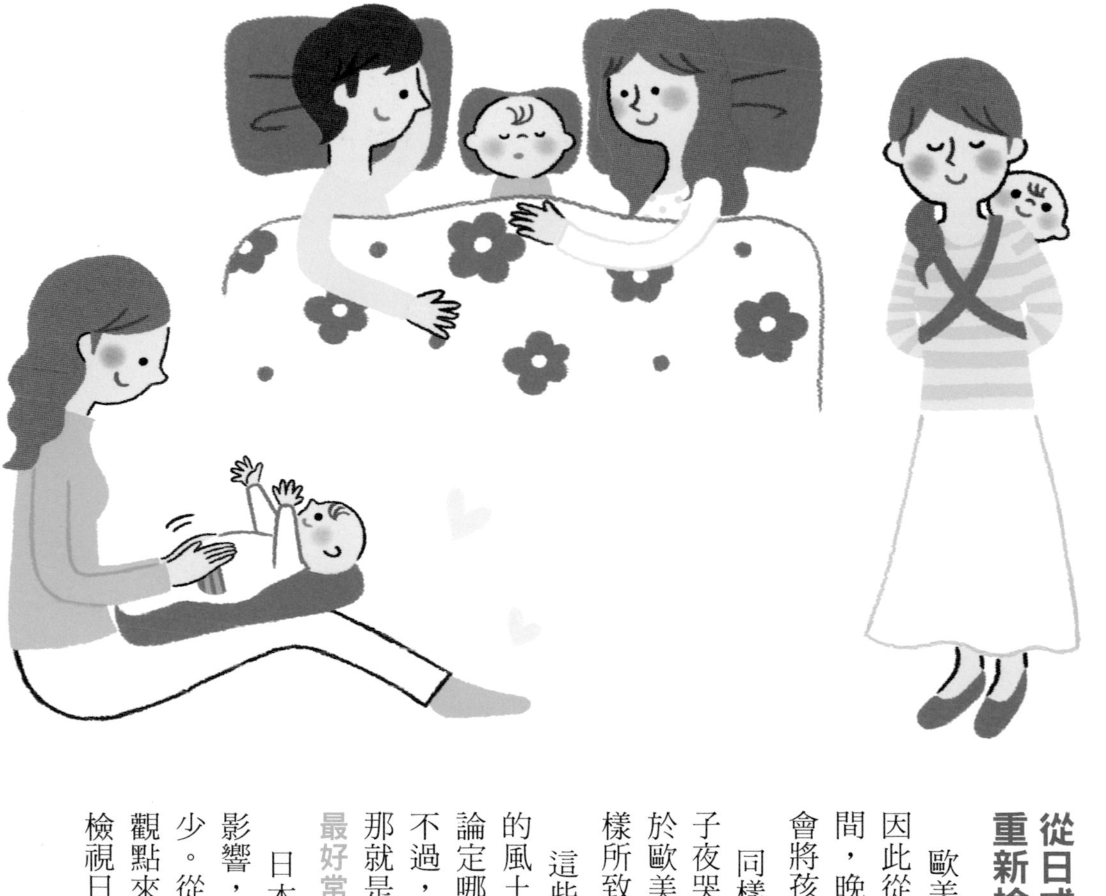

從日式育兒法重新檢視撫觸的重要

歐美較重視獨立心與個人主義，因此從小就會讓孩子擁有自己的房間，晚上也和爸媽分房睡，平時也會將孩子當成大人對待。

同樣地，歐美的父母較不會將孩子夜哭當成嚴重的問題，這也是由於歐美和日本對於育兒的觀念不一樣所致。

這些育兒方法的特徵來自於不同的風土、文化與價值觀，很難一概論定哪種方法好、哪種方法不好。不過，日本和歐美也有相同觀點，那就是**「寶寶出生後到滿1歲前，最好常常撫摸、碰觸他」**。

日本的育兒方式後來受到歐美影響，親子之間的自然接觸逐漸減少。從「親密接觸的重要性」這個觀點來看，或許我們應該再次重新檢視日本獨有的「親密育兒法」。

「撫觸」能夠帶來什麼樣的效果？

對孩子來說，他人的「撫觸」可以說是最重要的營養。現在就來看看撫觸的具體效果吧！

效果1 促進分泌愛的激素「催產素」

成長所需的激素

從前，人們認為「催產素」這種激素是孕婦或產後不久的媽媽體內用來分泌母乳、收縮子宮的激素。

不過，最近的研究發現除了生產前後的女性之外，催產素在其他族群的體內也會積極運作，並發揮各種不同的效果，因而引起關注。目前已知**催產素對出生不久的嬰兒來說，是幫助他們成長不可或缺的激素。**

在日常生活撫觸寶寶能有持續性的效果

孩子被觸摸時，會分泌出許多催產素。由於催產素會在孩子被撫摸、抱抱、心情安定平和時分泌，因此又叫作「愛的激素」或「安心激素」。

催產素具有加深親情、促進幼兒成長的功效，但這些效果並不是在撫觸之後就會馬上發揮出來。想要讓催產素發揮功用，必須常常摸摸孩子，不斷促使催產素分泌，效果才會持久。

增加肌膚接觸，可以安定孩子情緒

實驗將托兒所中易攻擊別人、情緒不穩的孩子分成兩組，實驗組玩肌膚接觸較多的遊戲，對照組繼續玩以前玩的遊戲，兩個月後，肌膚接觸頻繁的實驗組孩子**問題行為大幅減少。**

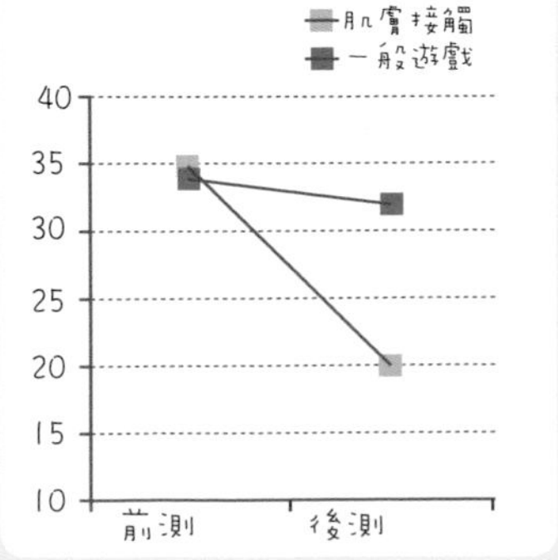

催產素的各種功能

幫助孩子成長

催產素的效果實在太多，乍看之下各種效果之間似乎沒有關聯。但事實上，每一項效果都與「成長」這個關鍵互相連結。

當體內分泌催產素時，心情就會安定，睡得也會比較好，同時促進生長激素分泌，身高體重增加的速度變快，抵抗力與免疫力也會提高。

另一方面，催產素能穩定情緒，進而促使感情表現更豐富，與心靈成長也有密切的關係。催產素可以說是促進身體、心靈與大腦等全方位成長的激素。

加深親子間的親情

催產素是對心靈產生影響的激素，也是人們想要信任對方、建立親密關係時不可或缺的物質。

媽媽撫觸孩子時，孩子除了心情會變得平靜安穩，還會將媽媽當成能夠信任的對象。當同樣的經驗不斷累積後，孩子對媽媽的愛就會越來越深厚。另一方面，除了接受撫觸的孩子之外，撫摸孩子的媽媽體內也一樣會分泌催產素。媽媽會因此產生「我是母親」的明確認知，對孩子的愛也會更加深厚，自然培養出親子間的親情。

有放鬆身心的效果

大腦能夠認知溫柔撫觸所帶來的舒適感受，進而促使催產素分泌。催產素又叫作「安心激素」，能夠緩解緊張情緒，減少壓力。體內分泌出催產素時，可以穩定心跳頻率，保持身心自在輕鬆。

相反地，很少接受撫觸，體內欠缺催產素的孩子，可以說是經常處於緊張的狀態。這種不安、緊張的情緒可能會造成情緒不安定或發育不良。

提高孩子的社會性

如同右頁的實驗結果，可以確認經由肌膚接觸促使催產素分泌後，孩子的情緒穩定，原本攻擊性的個性較為和緩，衝動行為也減少了。在嬰兒時期常常撫摸寶寶，能夠幫助寶寶信任身邊的人，進而產生體貼的心，並培養出社會性高的孩子。

能夠與雙親建立基本信賴的孩子，將來進入更寬廣的世界時，就能夠自然發揮出本身所具有的社會性。

效果 2

提高身體運動機能

促進運動神經發育 幫助寶寶培養體感

藉由刺激寶寶的全身，可以促進大腦的發育，進而幫助運動神經等各種器官發展。

剛出生不久的寶寶會用雙手和舌頭碰觸各種東西，並藉由不斷的接觸，慢慢學會區別原本不太會區分的「自我」與「周遭環境」。而撫觸寶寶的身體也具有相同的效果，能夠幫助寶寶建構「自己的身體」的印象，學會手、腳等身體部位的活動方式，進而培養出體感。

效果 3

培養金頭腦

產生好奇心 記憶力也會變好

撫觸肌膚時，會刺激大腦中控制感情與行為的前額葉，促使孩子對事物較有積極性，並產生向前的動力與好奇心。根據實驗證明，與不常被撫觸的孩子相比，小時候常常受到碰觸、撫摸的孩子智商比較高。

此外，前一頁提到被撫觸時，身體會分泌出的「催產素」，其實也具有提高記憶力的效果，因此「常常撫摸、碰觸孩子」也可說是培養金頭腦小秀才的捷徑。

效果4 刺激獨立心

滿足撒嬌的心理需求 幫助孩子建立自信

爸媽或許會覺得太常抱抱、摸摸，會慣壞了孩子，讓孩子變得依賴心重、無法獨立，不過事實上，已經有許多實驗證明事實恰恰相反。成長過程中常常被撫觸的孩子，由於想撒嬌的心理需求得到充分滿足，因此具有足夠的自信，能夠積極挑戰各種事物。

相反地，小時候不常被撫摸、碰觸的孩子，由於內心還記得需求沒有被滿足的感受，因此會一直渴求身體接觸，學會獨立自主的時間也較晚。

效果5 及早察覺寶寶的異狀

請仔細傾聽 肌膚傳來的訊息

每天用手輕觸寶寶的身體，可以藉由肌膚了解孩子的身體狀況、心情，感受孩子的成長過程。懷抱著慈愛每天持續輕柔撫觸，自然而然就會發現每次撫觸時，肌膚的觸感、溫度、氣味等狀況都會有細微的差異。

寶寶還不會說話時，透過撫摸輕觸，不但能夠幫助爸媽更明確地感受寶寶的內心情緒，還能夠及早發現孩子的異狀。若能具備這個感受能力的話，爸媽在育兒過程中的不安應該也能慢慢轉變成自信。

欠缺撫觸造成的問題

欠缺撫觸的孩子，長大以後會怎麼樣呢？小時候欠缺撫觸，可能會對孩子的未來帶來負面影響。

不哭不笑 缺乏表情的孩子

擁抱或是撫摸等親密接觸不足，導致肌膚觸覺沒有得到滿足的孩子，將會在成長過程中出現各種症狀。

舉例來說，「沉默嬰兒」就是其中的一種。沉默嬰兒指的是只會用微弱的聲音哭泣，甚至有時根本就不會哭，或是很少笑，無法表現內心情緒的寶寶。

造成沉默嬰兒的原因，可能是欠缺身體接觸，或是周遭的人不常對寶寶說話。由於不管怎麼要求都得不到爸爸媽媽的回應，寶寶就放棄，不再表示意見。

無法處理情緒 突然抓狂的孩子

會突然歇斯底里地大哭，或是發脾氣的「抓狂小孩」，可能也是因為身體親密接觸不足而導致。

孩子如果在成長過程中得到充足的撫觸，就會親身體驗並了解：情緒不佳時，只要一個擁抱就能夠讓人平靜。

然而，**如果孩子沒有得到充分的肌膚接觸，就無法學會處理情緒的方法，因而突然抓狂，甚至做出具攻擊性的行為。**

抓狂小孩

因為一些小事瞬間就會被激怒、抓狂。很難控制自己的情緒。

沉默嬰兒

不會哭也不會笑，基本上面無表情，也不會和媽媽四目相接。緊閉心房的寶寶。

在孩子難以建立親密關係前趕快改善

如果發現自己的孩子有前面這些狀況時，請積極增加身體的親密接觸。**孩子年紀越小，狀況改善的速度越快。**

在肌膚接觸不足的環境下成長，可能會讓孩子難以和他人建立信賴關係。成長過程中有得到充足撫觸的人，能夠將身體接觸當成一種親密感情的表現。相對地，缺乏撫觸的人，在被他人撫觸時，較容易過度緊張。

由於他們無法將碰觸身體當成親密行為，因此也較難以找到和戀人、配偶相處的方式，許多人因此陷入不穩定的人際關係中。

據說孩子年齡越大，肌膚接觸不足帶來的問題就越難克服。請從小仔細注意，避免發現時已經太遲而無法挽回。

青春期的問題行為也會影響心理健康

欠缺撫觸的育兒方式所引起的情緒不穩，很多甚至會持續到孩子青春期的階段。最近我們常聽到「年輕人容易抓狂」這種說法，容易因為一點小事就感到煩躁，甚至做出帶有攻擊性的行為，這樣的人格特質，也和小時候缺乏身體親密接觸不無關係。據說長大後在身體上到處穿洞，以及紋身、割腕等傷害自己身體的行為，也都是為了追求小時候沒有滿足的肌膚觸覺，過度追求刺激而造成的。

在社會中和他人建立良好溝通，互相支持過生活，是人類自信的基礎。小時候基礎自信受傷，對長大以後的心理健康也可能產生負面影響。**嬰兒時期和他人的互動，會透過肌膚留在記憶中一輩子。**這種說法並不誇張。

Column

撫觸除了對寶寶有效果，對媽媽也有好處

經常撫觸除了對寶寶好，對媽媽也會有好處。
為了自己，也要多多摸摸寶寶喔！

不只寶寶媽媽也會一起放鬆

除了孩子，成人也會在受到撫觸、擁抱時覺得舒服。孩子特有的水嫩肌膚，細緻肌理，撫觸時會產生難以言喻的舒適感。撫觸孩子時，我們會陶醉在舒適感中，可見撫觸對主動的一方也會有很好的效果。

寶寶剛出生時，媽媽和寶寶之間的親情連結還不是非常穩固。不過，一般認為當媽媽碰觸到寶寶時，內心就會產生親情，母性的開關也隨之打開。不只是媽媽會產生這樣的反應，爸爸同樣也會。除了被撫觸的寶寶，主動撫觸的爸媽也會分泌出催產素這種非常優質的激素。撫觸寶寶時，可以減低彼此的壓力，讓媽媽也能放鬆心情。

撫觸對媽媽也有很棒的效果！請一邊對寶寶說「讓我們一起舒舒服服吧」，一邊開心地和寶寶互相撫觸。

PART
2

馬上就能開始的寶寶按摩

幫寶寶按摩的重點在於，
不要受限於步驟或手部動作，
一邊觀察寶寶的反應，
一邊在快樂的氣氛下進行吧！
請小心不要按太用力，
而是輕柔撫摸、碰觸寶寶。

按摩的原則在於體貼對方

整理家中環境、觀察寶寶的狀況，重視親情以及體貼的態度，就是讓寶寶按摩更有效的捷徑。

按摩前先確認寶寶的身體狀況和心情

按摩時，最重要的就是「體貼對方」。只要將這個原則放在心中，自然就能開心按摩，並有良好的效果。

為了體貼對方，必須打造合適的按摩環境。此外，撫觸寶寶的媽媽也要做好事前準備。即使按摩是對寶寶有益的活動，事先也必須確認寶寶的身體狀況和心情。每次按摩前，請一定要確認所有的條件都OK，沒有特別的問題，才可以開始按摩。

幫寶寶按摩的媽媽自己的心情也很重要

除了寶寶，媽媽的心情是否平靜也很重要。如果媽媽心情浮躁，或是內心想著「我都忙得要命了，還要幫寶寶按摩好麻煩」，反而會造成反效果。一邊看電視一邊按摩，或是心裡在想別的事情而心不在焉，也會造成問題。

開始按摩前，請營造「接下來要開始好玩的事情哦」這樣歡樂的氣氛，面帶笑容對寶寶說「現在我們要開始按摩囉！」讓寶寶產生「按摩＝好開心」的想法，進而對每天的按摩時間產生期待。

按摩前，先觀察寶寶的狀態

- [ ] 心情好不好？
- [ ] 身體狀況好不好？
- [ ] 會不會覺得冷？
- [ ] 會不會覺得熱？
- [ ] 肚子餓不餓？
- [ ] 肌膚有沒有異狀？

按摩時，要選在能夠自在放鬆的地方進行

地點

按摩地點請選在家中，孩子最能放鬆的地方。每次按摩時，請盡量在同一個地點，避免常常更換位置。太吵雜、太明亮的地方都容易讓寶寶精神亢奮。請選擇較安靜、安心的地點。

姿勢

寶寶要舒服，媽媽也要用輕鬆的姿勢來按摩。可以張開腿，讓寶寶躺在雙腿間，或放在大腿上。可能隨著寶寶成長階段而有所不同，大致上以親子身體一部分能夠持續接觸的姿勢為理想。視線要盡量放在寶寶上，隨時觀察寶寶的表情。

室溫

以24度至28度為宜。天氣熱時，請打開窗戶，或以其他方式改善通風。天氣冷時，請事先提高室內溫度，等待室溫合宜後再開始按摩。開冷氣時，請注意冷風不要直接朝著寶寶吹。

按摩的訣竅

不需要將寶寶衣服全脫光

一聽到「寶寶按摩」，或許大家都會有寶寶必須脫光光的印象，但事實上按摩時寶寶不一定要脫衣服。穿著衣服按摩，效果也是一樣的。不過，剛開始嘗試按摩時，還是建議媽媽可以脫掉寶寶的衣服，讓寶寶穿著尿布按摩，順便觀察寶寶肌膚的狀態。

不需要塗抹嬰兒油

按摩時使用按摩油，是源自於氣候乾燥的西方文化。日本由於氣候潮濕，按摩時即使不刻意塗抹嬰兒油，也不會造成任何問題。過度保溼反而會妨礙皮膚機能的發育。按摩時，請不要使用嬰兒油，直接觸碰寶寶的肌膚，幫助寶寶提高皮膚的各種機能。

別著急！先從撫觸開始慢慢來

媽媽若是對按摩感到不安，這種情緒也會傳染到寶寶身上。請不要著急，先試著觀察寶寶皮膚的狀態吧。

傾聽皮膚的聲音和它對話

當媽媽心中充滿「要往哪個方向按才對？」「要按幾次才對？」等等疑問而感到困惑時，這種不安的情緒也會傳染到寶寶身上。學習按摩的方法固然重要，不過剛剛開始嘗試按摩時，還是先將寶寶喜歡的方式當成正確的按摩方法，這樣媽媽的心情也會比較輕鬆。

首先，請試著觸摸寶寶身體各個部位，傾聽皮膚的聲音。觸摸時，可以摸1次就好，撫觸時觀察肌膚的光澤和彈力，避免用按照順序的機械式方法觸摸。等摸得比較習慣之後，手再慢慢開始移動。如此一來，就能漸漸了解寶寶內心的期待。

避免讓寶寶不舒服

媽媽該做的事前準備

手

用冰冷的手撫觸寶寶，會讓寶寶嚇一跳。按摩前請先溫暖雙手，也不要忘了清潔雙手喔！

指甲

請盡量將指甲剪短，避免按摩時刮到寶寶的肌膚。

頭髮

按摩時寶寶與媽媽會親密接觸，頭髮較長的媽媽請先綁起來，避免髮絲碰觸到寶寶的肌膚。

氣味

寶寶對氣味相當敏感，因此按摩時請盡量不要噴香水或化妝。媽媽本身的氣味較能讓寶寶安心。

服裝

以方便活動為主。配合寶寶的穿著與室溫，穿著較薄的衣物按摩較為合適。

飾品

請事先取下手環、手錶等容易碰觸到寶寶肌膚的飾品。戒指也盡量不要戴。

先試著撫觸
同時觀察寶寶的反應

請一邊撫觸，一邊仔細觀察寶寶的表情、身體動作及聲音等反應，例如「摸摸肚子好像很舒服」、「那摸摸腿呢？」寶寶應該會有「好舒服！」「再摸久一點！」或是「討厭！」等各種不同的反應。請多多撫觸寶寶，試著和他對話。

這樣不行喔！

太拘泥於標準流程，
會錯失寶寶難得的反應。

太過在意按摩的順序、手部動作或次數等標準流程，按摩時就很可能只是獨自默默地按，完全沒有注意寶寶的反應，因而造成問題。正確的按摩方法固然重要，但剛起步時還是先以「讓寶寶放鬆」為前提，請先考慮如何讓寶寶開心。

由於寶寶的身體很小，因此按摩手法大致上有固定的模式。現在就一起來學基本的方法，馬上幫孩子按摩吧！

基本按摩手法

熟悉基本的按摩手法

輕擦法 能讓寶寶心情愉快，身心放鬆。同時具有活化新陳代謝、讓身體更結實的效果。

1 手掌輕擦法

整個手掌沿著身體的線條輕按，像是用手包覆物體的手勢，輕輕撫觸摩擦。

▶ P30

2 拇指輕擦法

以拇指指腹為中心，用整根拇指撫觸摩擦。其他手指只要輕搭在寶寶身體上就好。

▶ P31

3 二指輕擦法

用拇指、食指夾住肌膚，像是在輕捏一樣撫觸摩擦。

▶ P32

4 四指輕擦法

使用拇指以外的 4 隻手指。利用整根手指或指腹輕撫、摩擦。

▶ P33

輕推 緩和寶寶的頭痛、腹痛等疼痛症狀。

5 手掌壓迫法

用單手或兩手以包覆的手勢輕推寶寶的身體。手掌不用移動，放在寶寶身上就好。

▶ P34

彈動 拍出寶寶身體裡積存的老廢物質，重振精神。

6 拍打法

將手掌彎成飯碗形狀，掌中包含大量空氣，以具有節奏感的頻率輕輕拍打。

▶ P35

活動關節 提高寶寶身體運動機能以及使用身體的技巧。

7 運動法

輕握住孩子的兩腳腳踝或是兩手手腕，一邊注意關節一邊前後左右活動手腳。

▶ P36

不可過度用力，請用撫摸的力道溫柔碰觸

幫孩子按摩時的重要原則，就是撫觸的力道必須輕柔。
請注意，孩子年齡越小，撫觸的力道就要越溫和、輕柔。

不要用壓的，請輕輕撫摸。

大人常會覺得「按摩就是要又痛又舒服」，但幫孩子按摩的基本原則是「撫觸輕擦」。不需要用力壓或揉搓，只需用輕柔的力道慢慢撫摸，像是在傳遞自己手心的溫度一樣。

月齡較小的寶寶，按摩力道要更輕柔。

按摩新生兒時，請注意力道須更加輕柔。同樣地，對待不耐刺激，或是第一次接受按摩的幼兒時，力道也要更輕。雖說如此，按摩時如果戰戰兢兢，孩子也會感到不安。關鍵在於「溫柔地、輕輕地按」，不要過於神經質。

寶寶稍大之後，可以在按摩中加入遊戲

當寶寶稍微長大，也習慣了皮膚的刺激後，就會更能了解按摩是很舒服的事。這時請試著配合手部動作發出聲音，或是一邊唱歌一邊按摩，在按摩過程中加入一點小遊戲，寶寶也會更開心，更喜歡按摩。

輕擦法

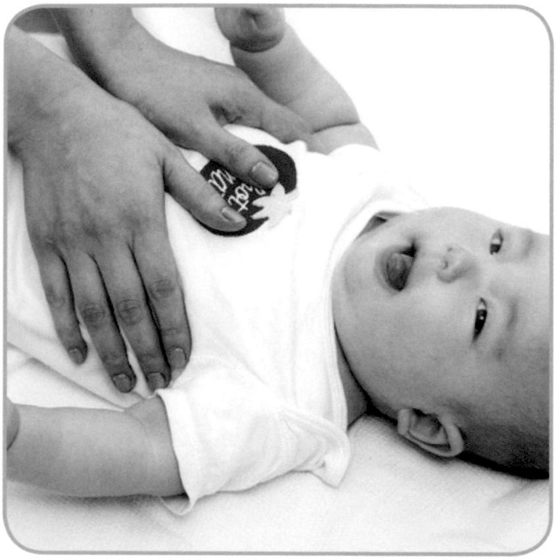

手掌輕擦法 1

〈使用整個手心〉

☺輕擦法是使用整個手心輕撫摩擦肌膚的按摩方式。請將手心沿著身體線條平放上去，手掌呈圓弧形，將肌膚包覆在手心裡輕柔地摩擦。☺手掌輕擦法是所有按摩手法的基礎，能讓寶寶心情愉快、身心放鬆。因此在按摩的開始及結束時都一定會使用這個手法。☺輕擦法會使用整個手心，適合用於按摩背部、肚子等寬廣且平坦的身體部位。

背部

寶寶發生異常行為時（例如夜哭或不易入眠等異於平常的狀態），基礎的安撫方式是從上往下撫摸寶寶的背。摸的時候可以抱住寶寶，或是讓寶寶橫躺。附帶一提，想調整身體狀態時，請從背部下方往上輕撫。

頭部

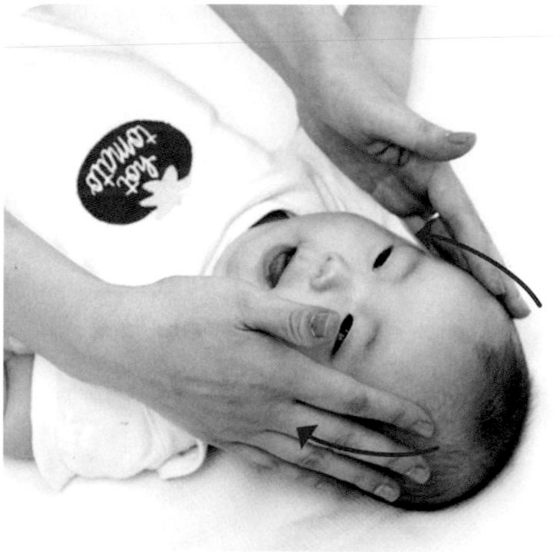

雙手手心呈圓弧形，將寶寶的頭部包在手中輕柔撫觸，從頭頂往下撫觸摩擦。按摩頭部時，請不要太常碰觸頭頂的前囟門（P40）等柔軟部位。

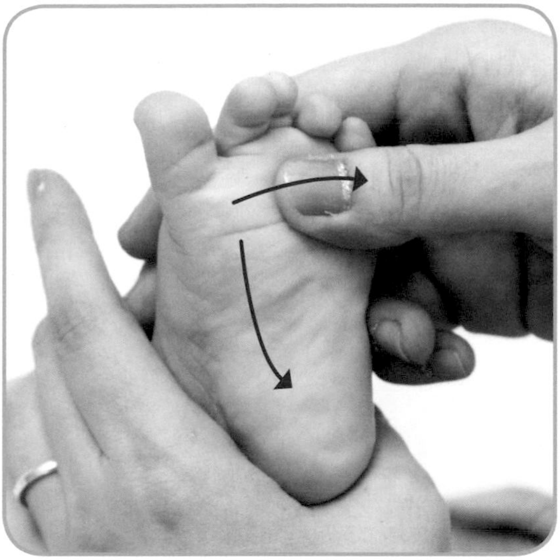

拇指輕擦法 2

〈使用整根拇指〉

☺拇指輕擦法與1相同，都是用輕撫、摩擦的動作按摩，統稱為「輕擦法」，不過這個方法只使用拇指。按摩時以指腹為中心使用整根拇指，以撫觸輕擦為主，不要用力按或壓迫。☺使用拇指輕擦法時，不要只動拇指，一定要將其他手指一起搭在寶寶身體上。這種方法常用於按摩腳底、臉部等面積較小的身體部位，與手掌輕擦法相同，具有安定心神的效果。

臉部

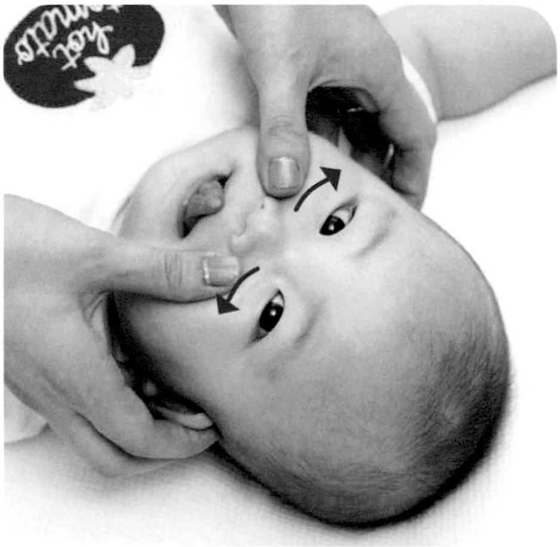

按摩臉部時，請讓寶寶仰躺，並將其他4隻手指放在寶寶的耳朵上。按照眉毛上方、眼睛下方、鼻翼旁邊、嘴巴下方的順序，從臉部中央向外側按摩，具有預防假性近視、鼻塞以及蛀牙等效果。

腳踝周圍

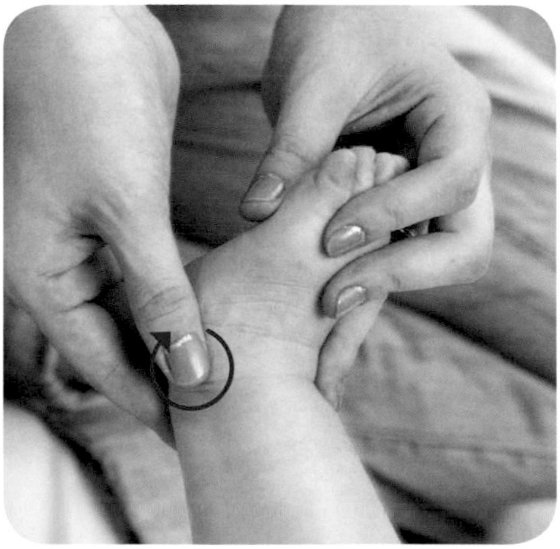

將拇指指腹放在寶寶外側腳踝上，從靠近腳尖一側往後方輕輕繞圈按摩。若是脖子還沒長硬的新生兒，請按2～3圈即可，大一點的寶寶可以按10圈左右。按摩時可用另一隻手輕輕握住寶寶的腳，方便動作。

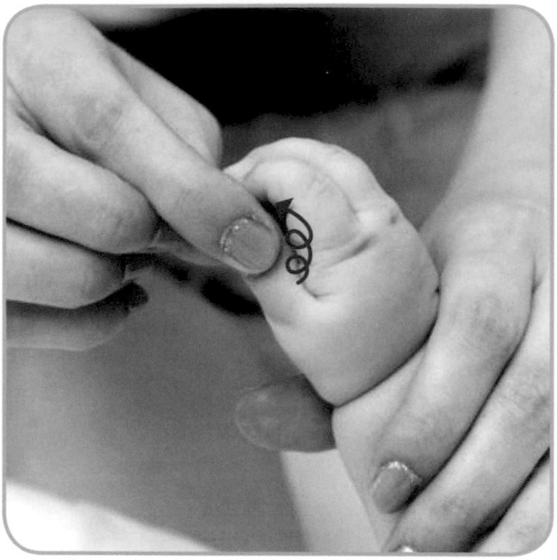

二指輕擦法 3

〈使用拇指和食指〉

☺這裡所說的「二指」指的是拇指和食指。用這兩隻手指夾住寶寶的身體輕擦。這種方法常用於按摩寶寶的手指、腳趾，按摩時用拇指與食指用像是轉開關的手勢一圈一圈輕擦撫觸。
☺輕擦法具有滋潤肌膚的效果，讓寶寶的肌膚水潤光滑，還可以提高疾病抵抗力及新陳代謝，幫助寶寶身體更健康。

腳趾

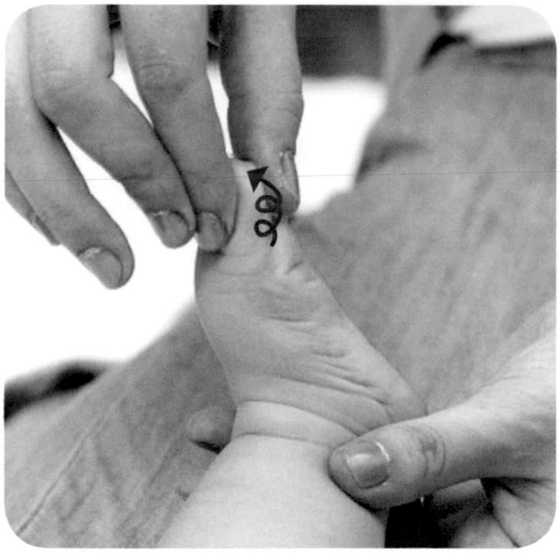

用夾豆腐的力道輕輕握住寶寶大拇趾的趾根，兩根手指慢慢繞圈，並向寶寶的腳趾尖方向輕輕摩擦。最後用手指夾住腳趾尖的兩邊，再輕輕放開。按摩時，用另一隻手支撐寶寶的腳，按起來會比較順手。按照大拇趾到小趾的順序按摩，別忘了另一隻腳也要按喔。

鼻子

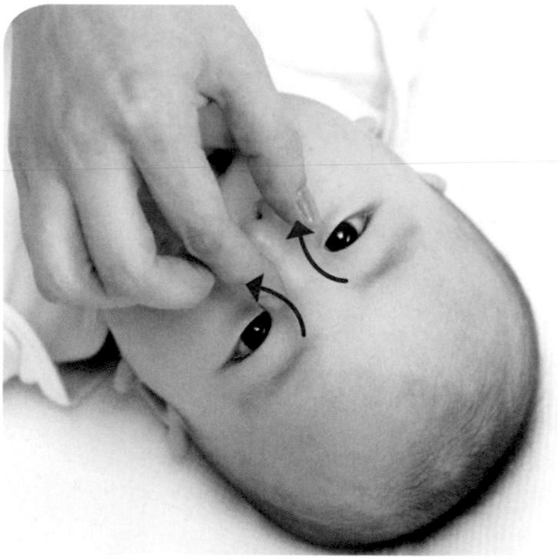

用兩隻手指輕輕夾住眉間，沿著鼻樑向下按摩到鼻翼旁邊。寶寶鼻塞時，用這個方法按摩幾次，鼻水就會向下流出來，方便媽媽幫寶寶去除鼻涕。直接將兩隻手指向下移動，以手擤鼻涕的方法清除寶寶鼻涕。在洗澡時用這種方法按摩，鼻水會更容易流出。

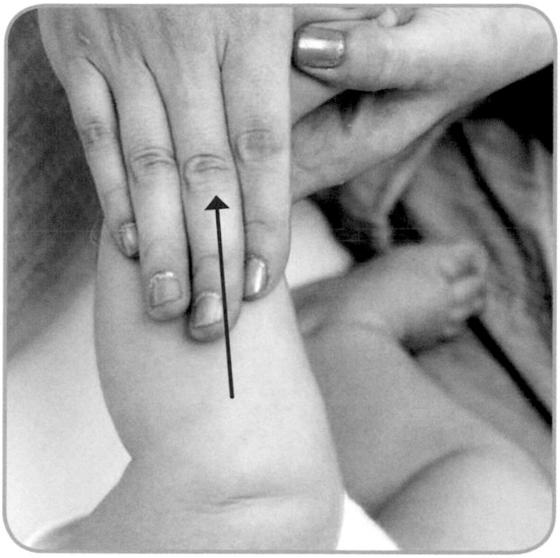

四指輕擦法 4

〈使用拇指以外的 4 隻手指〉

☺使用食指、中指、無名指及小指。分成使用整根手指，以及只使用指腹輕擦按摩這兩種方法。☺按摩頭部時，請使用指腹摩擦，注意指尖不可立起來。寶寶由於背部面積很小，按摩時也可以使用四指輕擦法代替手掌輕擦法。但使用4隻手指按摩時容易過於用力，因此請多加注意，盡量以輕柔的力道按摩。

肩膀到手腕

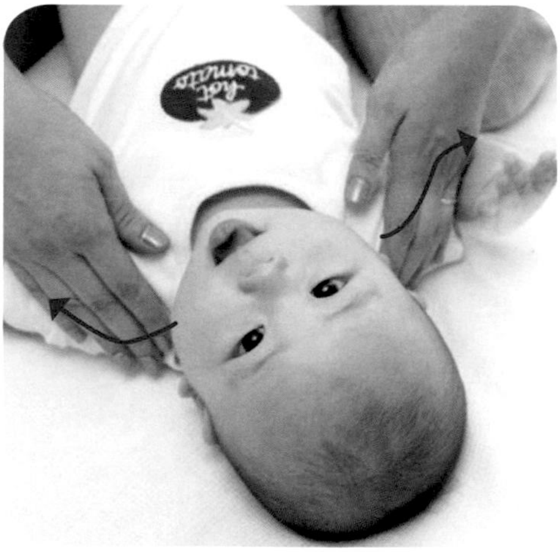

用4根手指從寶寶的肩膀沿著手臂外側一路輕擦到手腕。按摩時可以像上圖中一樣兩手同時進行，也可以分成兩次，先用一隻手放在寶寶的手腕附近固定住手臂，再以另一隻手按摩。

頭部

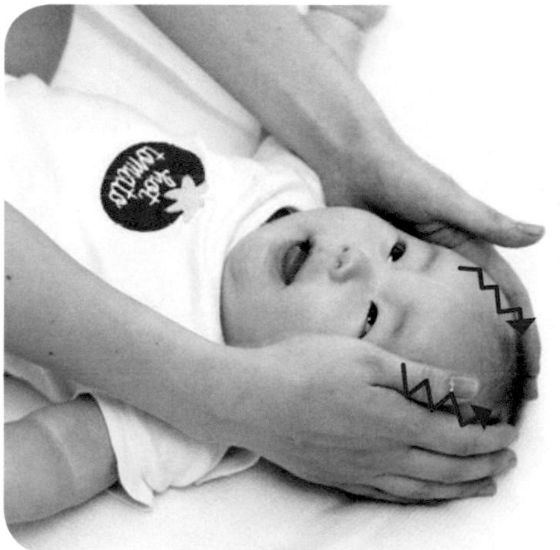

指尖微彎，用指腹來按摩。用4根手指從寶寶額頭的髮際線向頭頂輕擦，按摩時要像在畫鋸齒線一樣，輕按寶寶的頭髮。接著用同樣的方式輕按太陽穴。這個按摩法在寶寶出現異常狀況時相當有效。按摩時請小心，手指不要碰觸到寶寶的眼睛。

輕推

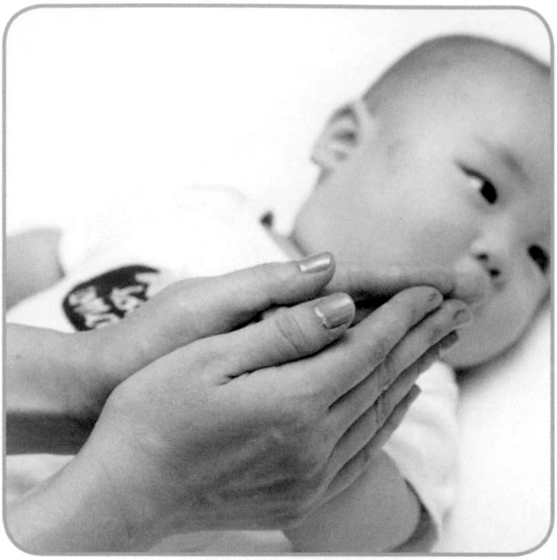

手掌壓迫法 5

〈用整個手心包住寶寶身體〉

☺請用整個手心貼住並包覆寶寶的身體。按摩時可以使用單手或雙手。☺這個按摩方法雖然叫作「壓迫法」，但按摩對象是寶寶時，請不要用力按壓，只要將手放在寶寶身上就好。按摩時，只要利用手掌的重量輕壓寶寶的身體即可。這種方法常用於按摩肚子或背部，具有溫暖身體的效果，因此可以減輕頭痛、腹痛，並穩定寶寶的心情。

腳尖、手指

用兩手輕輕包覆寶寶的整個腳尖或手指尖，力道要輕柔，不要用力。按摩時也可以用單手包住兩手或兩腳，不過還是建議以雙手小心包覆為宜。輕輕包住以後，請保持這個狀態5秒。這個動作有安定寶寶情緒的效果。

肚子

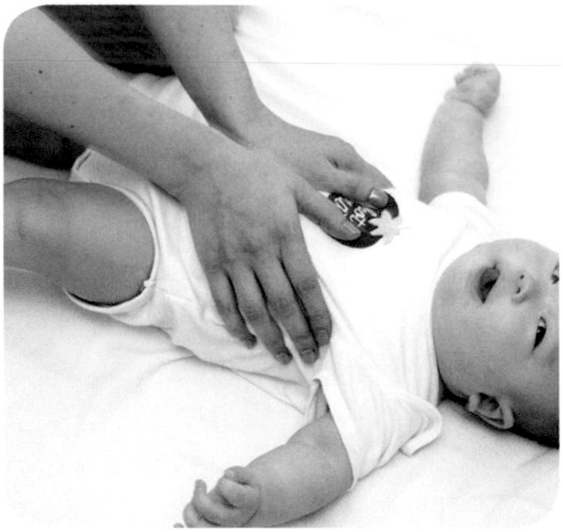

將兩手手心貼在肚臍周圍。按摩時請不要用力壓，只要將手放在肚子上，利用手掌本身的重量壓住寶寶的肚子。也可以試著把兩隻手疊放在寶寶的肚臍周圍，並保持這個狀態約5秒。

彈動

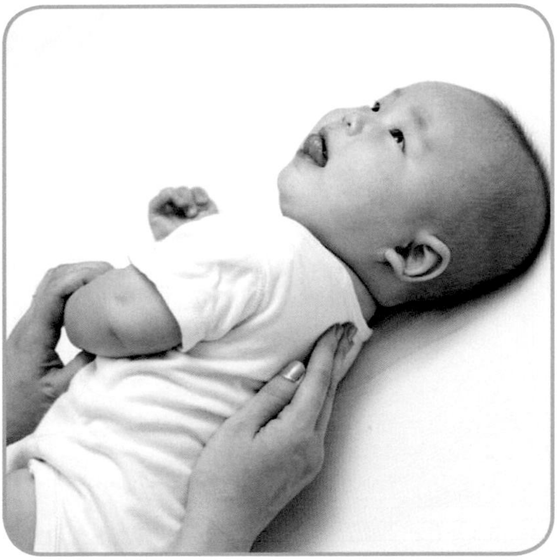

拍打法 6

〈手掌彎成飯碗形狀〉

☺手掌彎成飯碗形狀，掌心包住大量空氣，以有節奏感的頻率輕拍寶寶肌膚，接著馬上鬆手。訣竅在於手掌要像跳躍一樣輕拍，給予寶寶輕度的刺激。☺用於改善咳嗽及幫助寶寶咳出痰液。能促進血液循環，讓寶寶更有活力。寶寶睡醒後精神不佳時，可輕拍雙腿外側，刺激交感神經，寶寶便會神清氣爽。須注意的是，在寶寶脖子長硬前，請避免用輕拍法來按摩。

雙腿外側

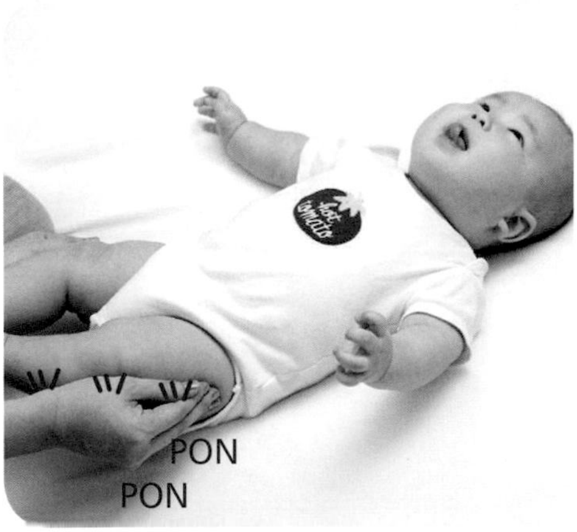

將手掌彎成飯碗形，從上到下輕拍寶寶的腿根到腳踝。按摩時，單手輕輕握住寶寶的腳踝，拍起來會比較順手。用具有節奏感的頻率輕拍，寶寶也會覺得很舒服。

背部

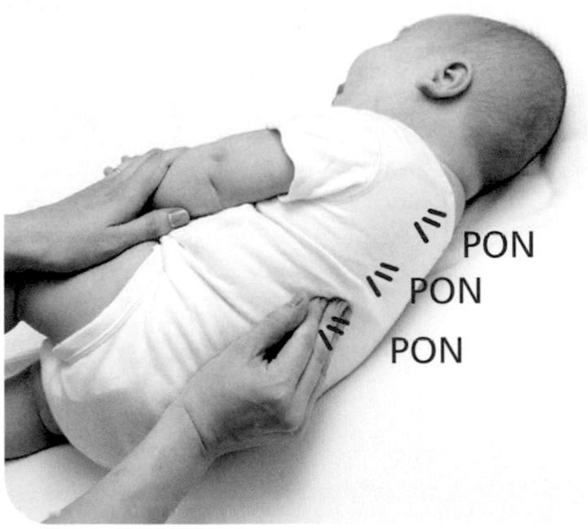

輕拍寶寶的臀部上方到脖子下方。拍打時頻率要有節奏，並注意不要用力。拍打時請避開脊椎，以從下往上稍微斜斜的方向來拍，會比較放心。按摩時，可以讓寶寶橫躺，用單手輕按著寶寶的身體，或是抱著寶寶輕拍。

活動關節

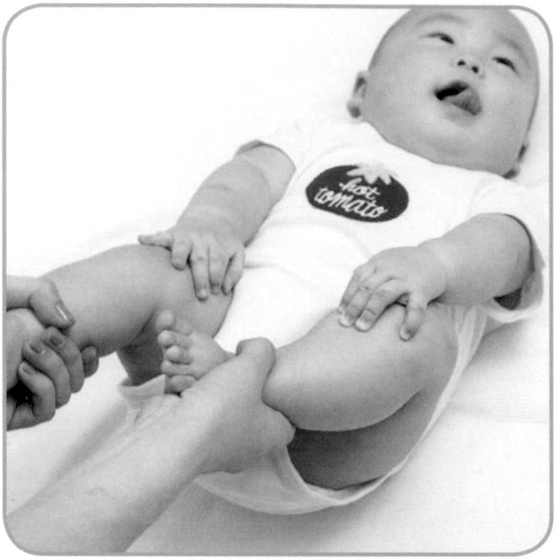

運動法 7

〈活動寶寶的關節〉

☺拉住寶寶兩邊腳踝，讓寶寶保持膝蓋彎曲的狀態，緩慢地左右活動雙腿。也可以握住寶寶兩手的手腕，讓雙臂交叉，或是像畫大大的圓形一樣，活動寶寶的手臂，轉動肩膀。要活動到寶寶的股關節、肩關節等身體關節。☺活動時可往前後左右等不同方向運動，不過寶寶的身體相當脆弱，請一定要加倍小心，在能夠順利活動的範圍內運動就好，不要太勉強。

手臂

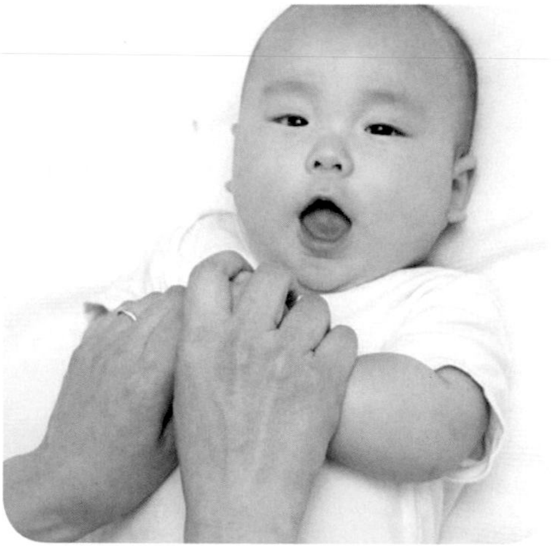

寶寶仰躺，媽媽用兩手握住寶寶整個手腕，接著把拇指伸進寶寶的掌心讓寶寶輕握住，可以安定寶寶情緒。反覆拉開寶寶的手臂再交叉，交叉時須記得交換兩手手臂上下的位置。這種活動關節的運動能夠放鬆寶寶的身心，讓身體更有柔軟性。

膝蓋

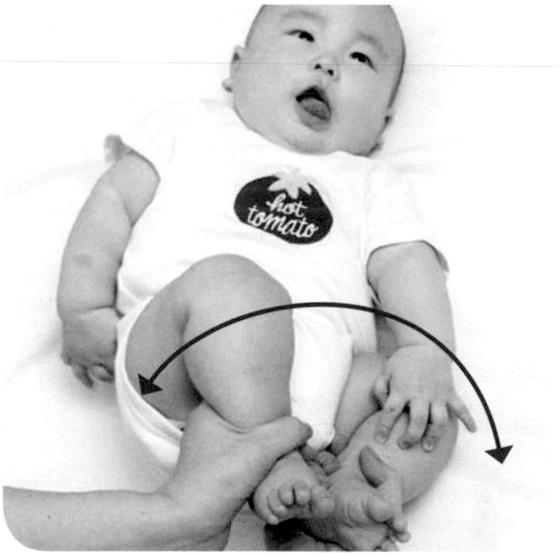

寶寶仰躺，媽媽兩手握住寶寶整個腳踝，在膝蓋與股關節彎曲的狀態下左右活動寶寶的雙腿。向左右活動時，請讓寶寶的膝蓋下降到接近地板的位置，並讓寶寶的雙腿間保持一個拳頭大小的空隙，不要併攏。向左右各活動一次即可。

學會按摩手法後，開始按照順序，按摩寶寶全身吧！

學會按摩的基本方法後，請實際試著幫寶寶按摩全身。
並養成每天幫寶寶全身按摩的習慣吧。

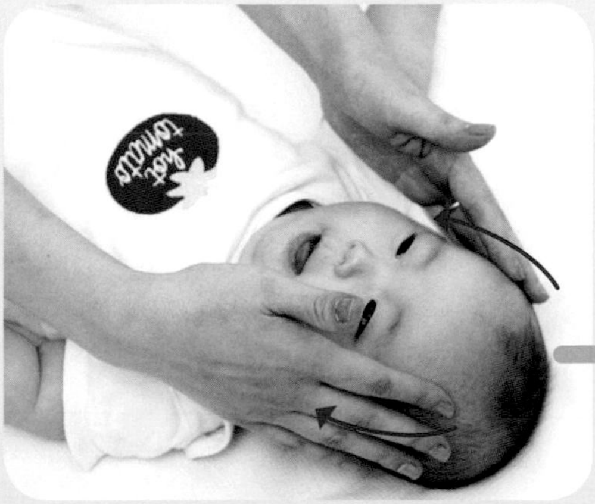

1 頭部

手掌輕擦法
P30

開始按摩前，先和寶寶打聲招呼，接著用雙手手心包住寶寶的頭，輕柔地撫觸，從頭頂開始向下輕擦。

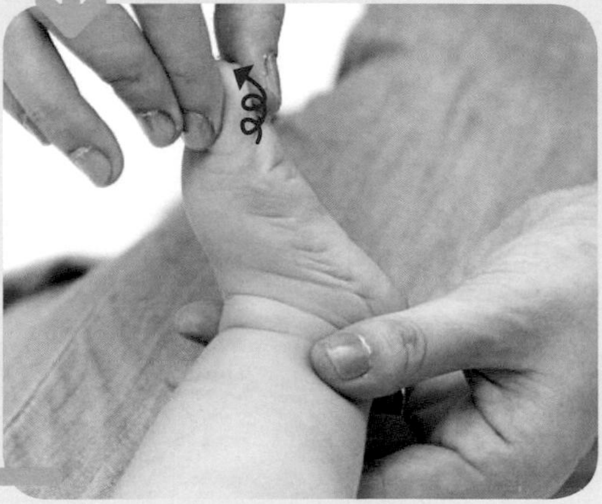

2 腳趾

二指輕擦法
P32

用拇指和食指輕輕握住寶寶大拇趾的趾根，用畫圈圈的方式輕擦，然後輕輕放開。按照順序從大拇趾按摩到小趾。

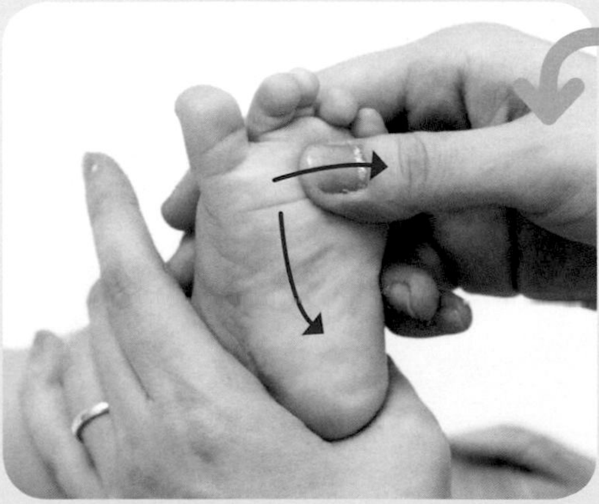

3 腳底

拇指輕擦法
P31

沿著寶寶腳底的趾根處，用拇指輕輕摩擦，接著從腳拇趾趾根附近向腳跟位置直向按摩。

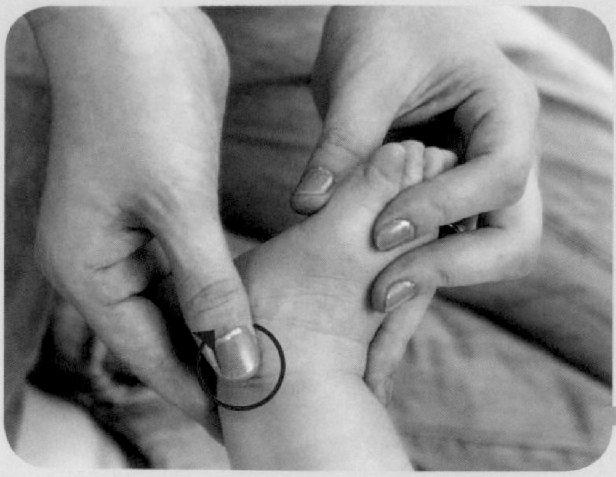

4 腳踝周圍

拇指輕擦法
P31

以拇指指腹輕擦寶寶的腳踝外側，從靠近腳尖的方向朝後方輕輕繞圈。

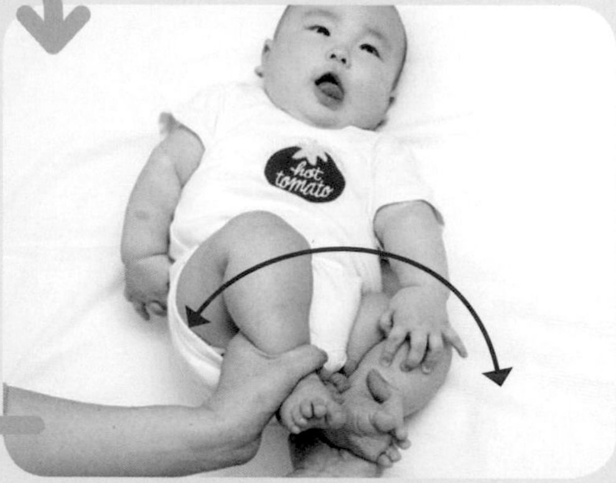

5 膝蓋

運動法
P36

兩手握住寶寶整個腳踝，膝蓋與股關節彎曲的狀態下左右活動寶寶的雙腿，讓寶寶的膝蓋到接近地板的位置。

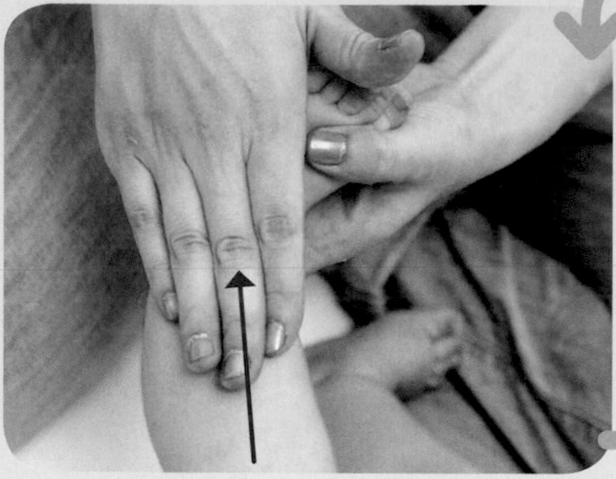

6 腿部

四指輕擦法
P33

使用拇指以外的4隻手指，從大腿開始輕輕摩擦寶寶的腿部外側，一直到腳踝。

7 背部

手掌輕擦法
P30

手掌貼在寶寶背上，從脖子下方開始從上到下撫摸寶寶的背，直到腰部。

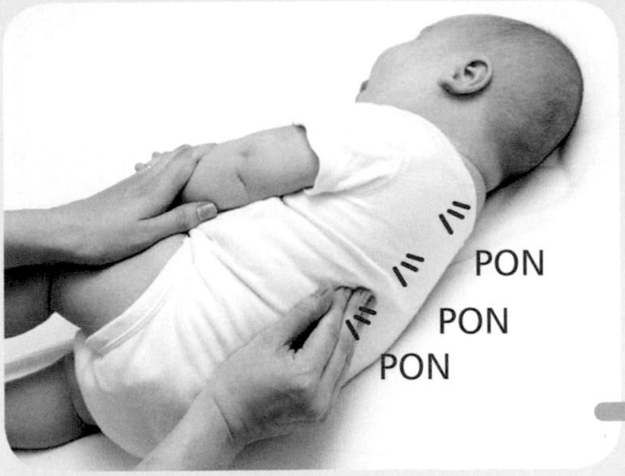

8 背部

拍打法
P35

將手掌彎成飯碗形，掌心包住空氣，以具有節奏感的頻率從寶寶的臀部上方一路輕拍到脖子下方。

9 肚子

手掌輕擦法
P30

將兩手手心貼在寶寶肚子上，交互使用左右手，從上到下輕輕摩擦寶寶的肚子。

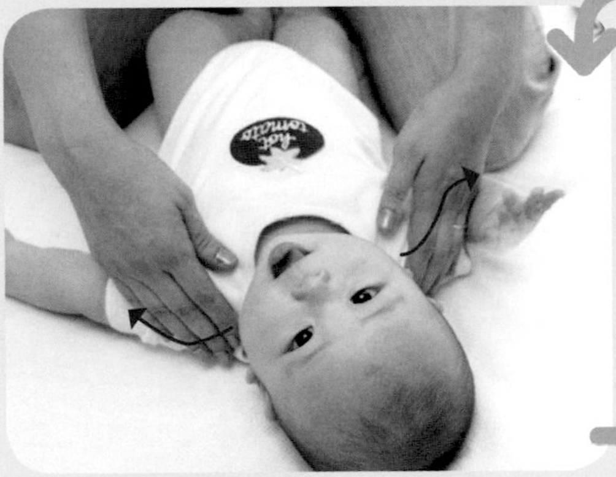

10 肩膀到手腕

四指輕擦法
P33

將拇指以外的4隻手指放在寶寶肩膀上，以整根手指向下輕輕摩擦寶寶的手臂外側直到手腕。

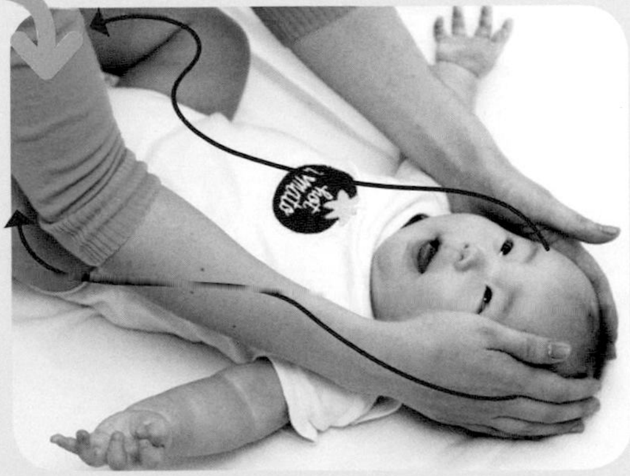

11 全身

手掌輕擦法
P30

最後用整個手心一口氣從寶寶的頭部開始輕輕摩擦，一路經過胸部到肚子、腰部、大腿直到腳尖，調整寶寶全身狀態。

按摩時的注意事項

本書將按摩時需要注意的重點整理如下，
請仔細閱讀，避免對寶寶傾注的母愛成為意外的原因。

不要硬拉寶寶的手腳！

寶寶的關節還沒有發育完成，周圍的組織也非常柔軟，因此關節很容易脫臼。幫寶寶按摩手腳時，請盡量讓寶寶手腳保持自然彎曲，不要硬拉。

禁止沉默！
請開心地和寶寶說話

按摩時如果一直沉默不語，不但可能在不知不覺間過於用力，寶寶也無法感受到按摩的樂趣。請一邊按摩一邊唱歌，或是對寶寶說「好舒服喔～」，即使寶寶沒有回應，還是可以拉近親子心的距離。

寶寶滿月後再開始按摩

開始基礎按摩的時期以寶寶做完滿月健檢後為佳。一開始請不要突然按摩全身，先從手腳四肢開始，讓寶寶適應。等寶寶習慣後，再慢慢拓展按摩的範圍。

按摩不是醫療行為

在家中自行按摩不屬於醫療行為。若寶寶罹患重病或慢性病，或是正在服藥，健康狀況需要考量時，請務必事先諮詢醫師。使用本書介紹的方法按摩、遊戲所造成的一切損傷、傷害與其他損失，作者概不負責。

注意不要過於用力！

對孩子來說，有時大人的「輕輕觸摸」也會帶來強烈的刺激。幫寶寶按摩時，以令人懷疑「這樣真的有效嗎？」的輕柔力道最為理想。尤其是出生不久的新生兒，更需要加倍溫柔的撫觸。

寶寶抗拒時，請馬上停下來

當寶寶抗拒或是覺得癢的時候，請馬上停下來，不要再繼續按摩。寶寶會抗拒，可能單純是因為心情不好，也可能是因為身體有哪裡不舒服。請不要勉強寶寶，先仔細觀察狀況後再繼續。

不要按壓寶寶的頭頂

寶寶的頭部還沒有發育完全，頭骨之間有一個叫作前囟門的柔軟縫隙。尤其是幫1歲半以下的孩子按摩時，需特別注意。1歲半後，前囟門就會自然閉合。

觀察狀況，調整按摩次數

幫寶寶按摩時，理想的次數約為未滿1歲時，每1種按摩法按2～3次，滿1歲後5～6次。孩子的成長發育速度有個體差異，請觀察狀況後再行調整。按摩時寶寶若抗拒，請立刻停止，不要勉強繼續。

PART
3

根據不同的症狀體質選擇按摩方式

平常就注意寶寶肌膚的狀態以及體質等特質，
寶寶身體不適時就能及早發現徵兆。
請不要等到發生異常狀況時才開始慌張，
平常就要時時保養，防患於未然。

這些特別需要照顧的體質，適合哪種按摩呢？

現在就開始注意寶寶平常的狀況，選擇有效的按摩預防各種疑難雜症吧！當寶寶出現異常狀況時，請及早因應。

從寶寶的肌膚讀取身體不適的訊號

習慣幫寶寶按摩之後，應該會發現除了表情變化之外，雙手撫觸寶寶肌膚時的溫度與彈力每天也都會有些微的差異。平時就多注意寶寶健康時的身體狀態與習慣，寶寶身體不適時便能及早發現徵兆。

幼兒在學會說話前，只能用哭泣來表達自己的要求，即便開始會說話，也很難明確說出身體哪裡不舒服。**此時若能了解寶寶肌膚的狀態，便能接收許多不同的訊號。**

利用按摩預防疑難雜症

如同每個人都有自己的個性，每個孩子的體質也都有自己的特徵，例如體溫較低、呼吸比較微弱、食量很小……等等。

問題和疾病也多是從這些體質中較弱的部分引發的症狀。

先掌握孩子的體質，針對較弱的部分加強按摩。

按摩的效果因人而異。針對體質加以預防，是平時重要的保養功課。

出現疑難雜症時

覺得不對勁時，請帶孩子去看醫生！

在家中自行按摩並不屬於醫療行為。若覺得孩子身體狀況有異時，請不要自行判斷，一定要讓專業醫生診斷。或許孩子的異狀背後隱藏著意想不到的疾病。

幫助孩子緩和症狀

請常常幫孩子按摩，緩和症狀，讓身體舒服一些。孩子生病時，除了媽媽，孩子本身也會感到不安。請藉由互相撫觸身體，安撫孩子的情緒。

孩子容易發生的各種疑難雜症

平常就掌握孩子的體質，在症狀出現前先行預防。
也可以藉由按摩安撫孩子的情緒。

充滿行動力、好奇心旺盛，但發生不順心的事情時就會開始煩躁不安。這種類型的孩子容易因為一點小事而亢奮，也較常出現下列症狀。

這個類型常見的問題

- 夜哭
- 咬人
- 焦躁不安（發出怪聲、尖叫）
- 假性近視
- 抽搐

▶ P44

比起在戶外四處玩耍，更喜歡待在家裡。胃腸不太好，所以食慾也時好時壞的類型。

這個類型常見的問題

- 便祕
- 腹瀉
- 食慾不振
- 異位性皮膚炎
- 尿布疹

▶ P50

呼吸系統較弱，一年四季都常常咳嗽，鼻子也容易過敏。對氣溫的變化比較敏感，皮膚看起來蒼白、不夠水潤。

這個類型常見的問題

- 感冒
- 咳嗽
- 流鼻水
- 花粉症
- 小兒氣喘

▶ P56

精神和體力有明顯的高低起伏，有時會因為一點小事而害怕。無法長時間集中注意力，缺乏毅力。

這個類型常見的問題

- 尿床
- 不易入眠
- 怕生
- 易怒
- 易疲倦

▶ P62

※1 歲以下的幼兒每一種按摩實行 2～3 次，1 歲以上 5～6 次為佳。
每個人身體狀況都有個體差異，請觀察孩子的狀況後再行調整。

夜哭、咬人、焦躁不安（發出怪聲、尖叫）、假性近視、抽搐

這個類型的孩子很有活力，但是遇到不順時就會容易感到煩躁。請常常幫他按摩，幫助他放鬆身心。

遇到不順心的事情緒會不穩定

容易發生夜哭、咬人、焦躁不安、假性近視、抽搐等症狀的孩子，屬於好奇心旺盛、很有活力的類型。但是，由於生理還沒有發育成熟，因此好奇心與行動力雖強，但身體能力有限，容易因此而情緒不穩。

這個類型的孩子希望事情可以按照自己的想法走，因此被爸媽帶著到處跑時，就會感到焦慮。即使是未滿1歲的嬰兒，仍建議爸媽可以提早對孩子說明安排好的行程，例如「明天要坐公車去○○站喔」，或是「早上會很早出門，你要幫忙準備喔」等等。盡量營造讓孩子可以安心放鬆的環境。

預防勝於治療 請常常幫寶寶按摩，舒緩容易累積的壓力。

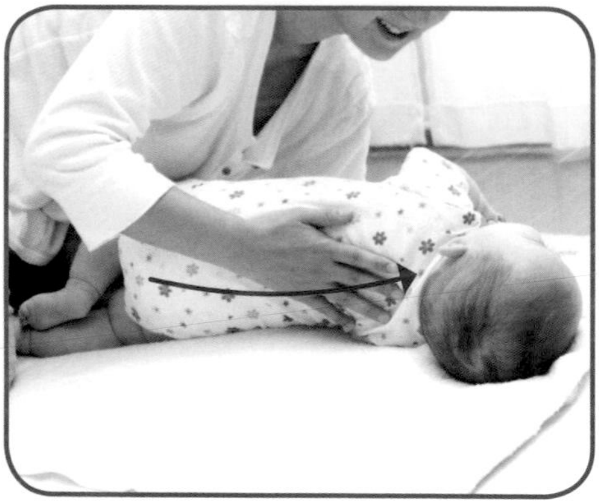

背部

從下到上輕輕摩擦

使用手掌輕擦法，讓寶寶橫躺，以整個手掌從下往上輕輕摩擦寶寶的腰部到脖子下方。按摩時請一邊看著寶寶的眼睛一邊和他說話。

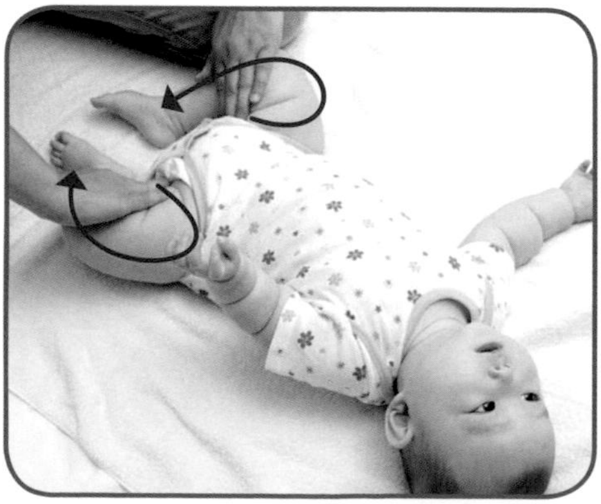

腿部

由內側輕擦到外側

從寶寶的膝蓋上方開始向上輕輕撫摸腿部內側。到達腿根之後，再從外側由上往下摸回膝蓋上方。撫摸腿部內側時請用四指，摸外側時則用整個手心。

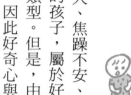

夜哭

試試看！

**幼兒夜哭的問題，很可惜至今仍沒有有效的方法能夠解決。
當寶寶哭得厲害時，請不要焦急，輕輕幫寶寶按摩，等他慢慢安靜下來。**

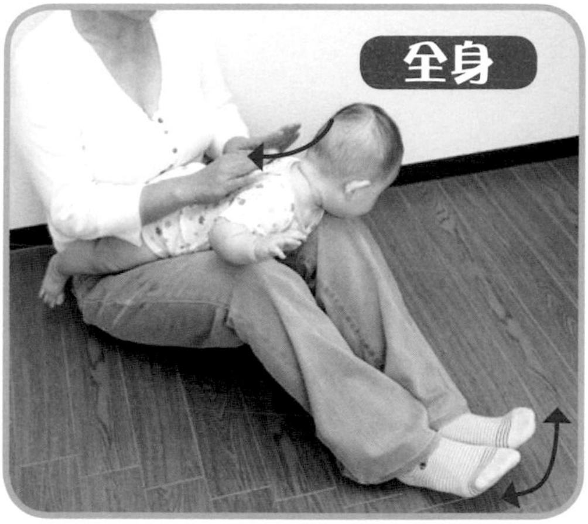

讓寶寶趴在膝蓋上，撫摸全身

媽媽背靠牆壁，屈膝坐下，讓寶寶俯趴在自己的大腿上。使用手掌輕擦法，以整個手心從上到下輕擦寶寶的身體，同時雙腳輕點地面打拍子。這個姿勢會輕度按壓到寶寶的胸部，因此能夠幫助寶寶緩和情緒。

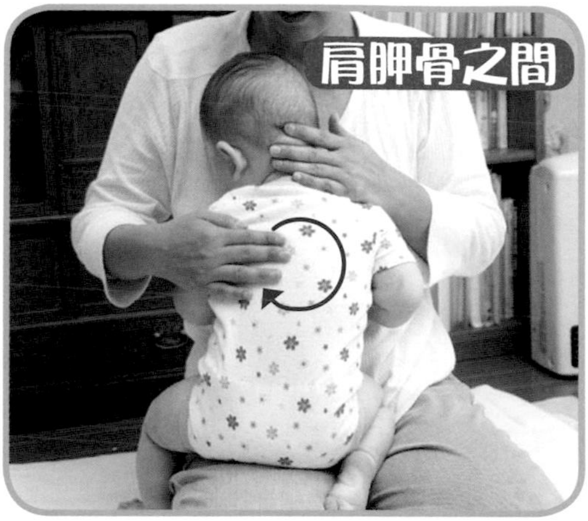

在左右肩胛骨間畫圈輕撫

使用手掌輕擦法，用整個手心順時針畫圈輕撫寶寶的背部。寶寶快要哭完時，用這種方式按摩可以讓他更快平靜下來。哭鬧得正兇時，請利用手掌壓迫法，將手放在寶寶的背上，等他慢慢平靜下來。

調整生活步調 白天積極運動

過了新生兒階段後，寶寶半夜啼哭的頻率會逐漸減低。不過當寶寶心情愉快地睡著之後，即使沒有具體的原因（例如空腹、尿布溼了、房間太熱或太冷等），還是可能在半夜突然大哭。夜哭有各種不同的症狀，有的寶寶可能會在一個晚上哭二、三次，或是沒人抱哄時就哭個不停。

想改善夜哭問題，可以調整生活步調，明確區分白天與晚上的界線，白天多帶寶寶出門散步，增加運動時間，到了晚上，寶寶或許就能睡得比較熟。不過其實到目前為止，仍沒有特別有效的方法能夠解決寶寶夜哭的問題。有時候用毛毯捲住寶寶的身體，讓寶寶露出頭部睡覺（媽媽請在旁邊看著），夜哭的症狀就會馬上消失。這是由於當寶寶身體受到壓迫，覺得像是被捆住一樣時，會想起待在媽媽肚子裡的時光，心情就會平靜下來。

※ 按摩手法請參照 P28~35

試試看！

咬人

寶寶之所以會咬媽媽，或許是在對媽媽說「快注意我！」
凝視寶寶的雙眼，仔細幫寶寶按摩，是解決這個問題的捷徑之一。

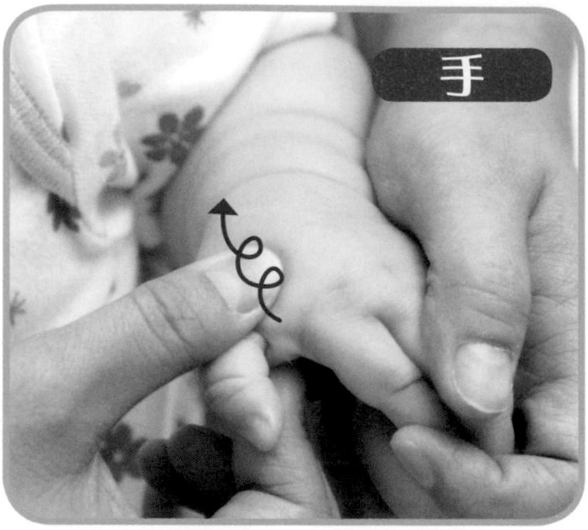

夾住寶寶的指間，輕輕畫圈

使用二指輕擦法，用自己的拇指與食指輕輕夾住寶寶拇指與食指中間，向著手腕的方向輕柔地繞圈摩擦。也可以選擇不畫圈圈的方式，將自己的兩隻手指直接往下滑。

輕輕摩擦太陽穴

利用四指輕擦法，使用拇指以外的四隻手指的指腹，從寶寶耳朵上方的太陽穴位置往下輕輕摩擦。這個動作將寶寶側抱時會比較好做。

寶寶會咬人 有許多心理上的因素

幼兒咬人的理由根據年齡而有差異。一開始是類似小狗嬉戲玩鬧時咬人的動作，可以算是幼兒的遊戲之一。這時寶寶之所以會咬人，其實是想要向人撒嬌，但還不太會調整自己的力道。到了下一個階段，幼兒會開始用咬人的方式代替言語。舉例來說，當寶寶想玩的玩具被拿走時，由於無法說出「我想玩那個玩具！」因此就用咬人的方式來表達自己的想法。有時寶寶也會因為不希望別人待在自己身邊而咬人。

再下一個階段，就是將咬人當成打架的手段了。為了打贏對方，幼兒會像打人、踢人一樣用咬人的方式來攻擊對方。不管孩子幾歲，咬人的行為背後一定都有心理因素，請好好了解他的心情並加以紓解。想讓孩子戒掉咬人的習慣，需要一定程度的忍耐與時間。請耐心教導孩子如何接受別人的情緒，以及用咬人以外的方法解決事情的重要性。

試試看！

焦躁不安（發出怪聲、尖叫）

焦躁不安是所有孩子都會發生的症狀。當孩子表情嚴肅時，
就是心情開始焦躁的徵兆。請在孩子情緒爆發之前，用按摩的方式幫他舒緩。

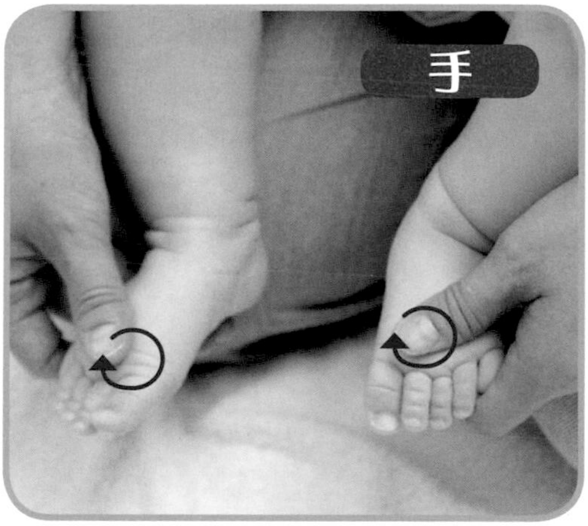

畫圈按摩腳背

使用拇指輕擦法，用拇指指腹在孩子腳背上順時鐘畫圈。按摩時可以兩手同時畫圈，或是單手扶住孩子腳，另一手畫圈。當孩子焦躁不安，情緒快要爆發時，請適時用按摩來幫他紓解。

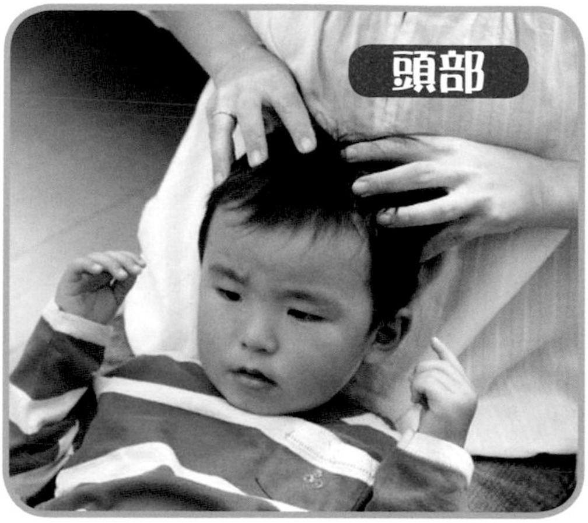

按摩每一吋頭皮

使用四指輕擦法，稍微豎起指尖，用4隻手指的指腹摩擦孩子的頭皮。請徹底按摩包括頭髮在內的整片頭皮。孩子情緒越來越焦躁時，用這個方法按摩，可以緩和焦躁的情緒。

這是每個孩子都會有的症狀 請家長耐心守候

孩子到了1歲左右，就會開始產生自我意識，並隨著年齡的增長越來越強烈。但是，成長期間正是身體功能追趕不上自我意識的時期，因此孩子「想要做的事」和「實際做得到的事」之間有很大的差距。

由於還無法隨心所欲用言語訴說自己的情緒，有些孩子會藉由發出奇怪的聲音、尖叫或是咬人來發洩心中的鬱悶。雖然有個體差異，不過在成長的階段，每一個孩子都可能發生類似的狀況。爸媽請用親情來接納孩子，不需太過擔憂。當孩子情緒爆發時，請耐心等待孩子平靜下來，千萬不要跟著動怒。

夜哭、咬人、焦躁不安、發出怪聲、尖叫及抽搐等症狀，背後都有類似的心理因素。與這些類型的孩子相處時有一項共通點：必須寬容接納孩子的情緒。

 ※ 按摩手法請參照 P28 ～ 35

試試看！

假性近視

看電視時越靠越近，或看東西時都會瞇起眼睛…發現孩子有這些狀況時，請及早因應。在眼睛功能發育成熟前，訓練孩子學會正確的用眼方式，或許能夠有效防止近視。

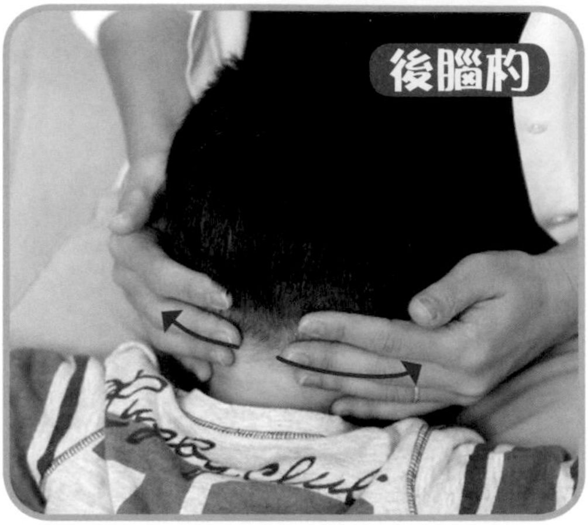

沿著後方髮際往左右輕撫

將手掌放在孩子後腦杓的髮線上，使用四指輕擦法，以四隻手指整根從正中間沿著髮際向兩邊輕輕摩擦，心中想著「將雙手的溫暖傳遞給孩子」邊溫柔地輕撫。按摩時，請讓孩子枕在您的大腿上。

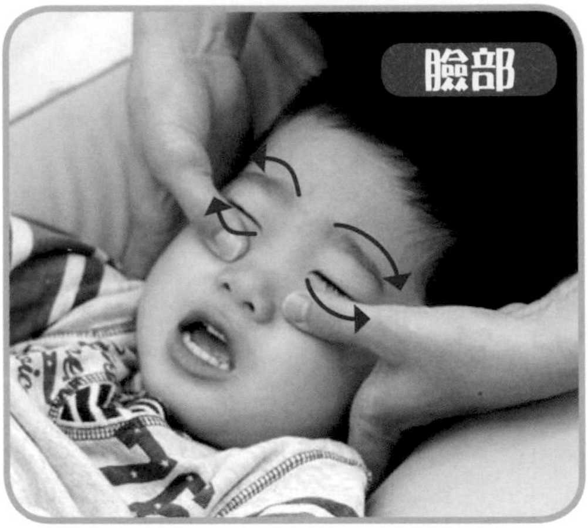

輕輕撫觸眼周

利用拇指輕擦法，使用拇指指腹按摩眉毛上方及眼睛下方，從臉部中心開始，一直輕撫到耳朵前方。其他四隻手指請放在耳朵後面。眼周是特別敏感的部位，因此按摩時請以非常輕柔的力道按摩，讓拇指在肌膚上滑動。

最好早期發現、早期訓練

一般而言，人類的眼睛在看東西時，會自動配合近處或遠處的物體對焦，並在視網膜上形成影像。無法正常對焦，導致難以看清時，稱為屈光不正。其中又分為近視、遠視、亂視三種。寶寶出生時，視力還沒發育完全，屬於相當重的遠視。隨著發育，視力逐漸發展，到6歲時眼睛的功能便會發育完全。若孩子到了3歲時出現看東西時會瞇眼睛、看電視靠得很近或走路容易絆倒等情形，請前往眼科檢查眼睛。

假性近視是真性近視的前兆。當孩子出現假性近視的徵兆時，請限制看電視的時間，並叮嚀孩子看東西時不要瞇眼睛等，並盡量讓眼睛多休息。出現假性近視時，若放任不管，很容易演變成真性近視。請早期發現、早期治療。

試試看！

抽搐

孩子出現不斷眨眼、聳肩、搖頭等抽搐動作時，千萬不可以對他說「不可以這樣」。請試著去除孩子壓力的根源。

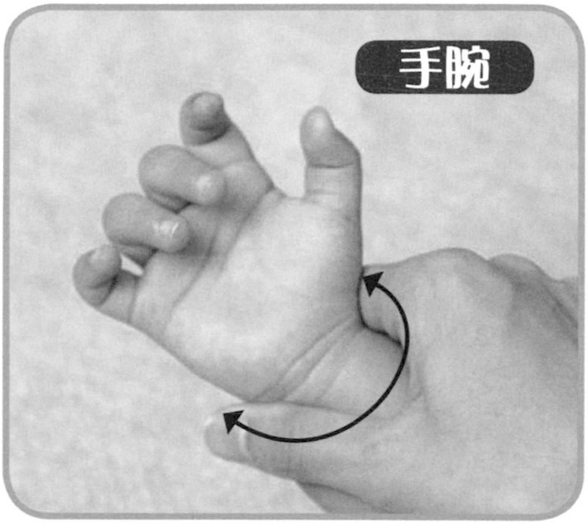

用掌心包住孩子手腕，輕輕轉圈

用整個掌心將孩子的手腕包在裡面，輕輕握住，接著用手掌輕擦法左右摩擦。注意繞圈時動作要輕，避免太過用力。這個動作不管是孩子站著或坐著的時候都可以輕鬆完成。

從髮際向頭頂按摩

收起指尖，使用四指輕擦法，以4隻手指的指腹從額頭的髮際向頭頂畫出小幅度的鋸齒線，輕輕摩擦孩子的頭皮。這個按摩法可以緩解壓力與緊張的心情，恢復神清氣爽。

營造輕鬆氣氛 避免讓孩子緊張

抽搐指的是身體不斷發生與本人意志無關的快速顫抖等動作，多因心理的不安、壓力、緊張或心情鬱結而導致，有些孩子在沒有上述條件的情況下仍會發作。

不少孩子都會因為壓力或緊張而發生短暫的抽搐症狀，不過幾乎都會在短期間內消失。在孩子還無法完全表達情緒前，請不要催促他「快點」、「把話說清楚」，或是顯露出不耐煩的態度。否則孩子會越來越在意，心情也會更加緊張，可能因此導致症狀惡化。

重點在於，爸媽必須營造讓孩子能夠放鬆情緒的環境。請耐心守候，避免以責罵、訓斥的方式管教孩子。抽搐症狀多半不會造成太大的問題，爸媽也不需過度緊張。

※ 按摩手法請參照 P28～35

便祕、腹瀉、食慾不振、異位性皮膚炎、尿布疹

這種類型的孩子會因胃腸等消化器官失調而出現種種症狀，最忌讓身體受寒。除了按摩，也別忘了要適度運動喔！

盡量節制少吃寒性食物

喜歡在家待著更勝出外遊玩的孩子，較常會發生這些症狀。這類型的孩子原本胃腸消化功能就比較弱，食慾會隨著季節變化而上下起伏，有時也會顯得沒有精神。

這類型的孩子一年四季都要避免飲用市售的冰涼飲料，或是加了冰塊的飲品。想吃冰淇淋時也要盡量選在白天吃，避免在晚上食用，以免肚子受寒，並注意甜食不能攝取過量。此外，請盡量想辦法讓孩子像多數孩子一樣在戶外玩耍。

預防勝於治療　以肚子為中心，仔細按摩容易受寒的部位，讓身體暖和起來。

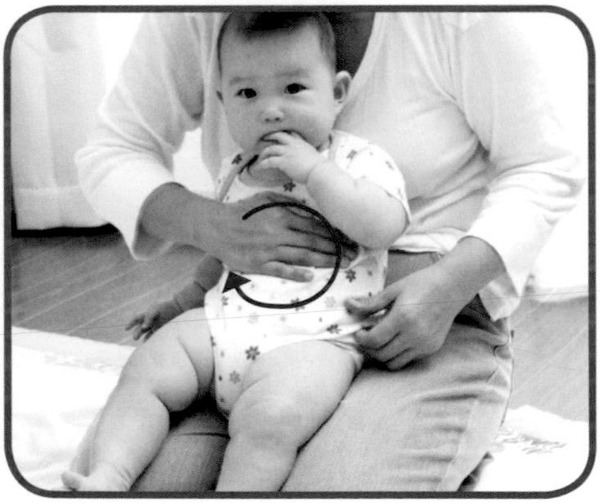

肚子

順時針繞圈按摩

使用手掌輕擦法，用整個手心繞著肚臍順時針畫圓，輕輕撫摸肚子。按摩時可以抱著寶寶，或是讓寶寶躺下來。

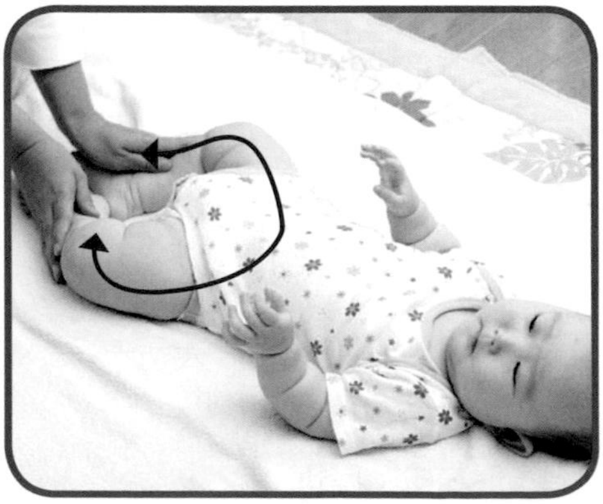

肚子到腿部

從肚臍開始按摩到腰、大腿、腳踝

使用手掌輕擦法，用整個手心從肚臍開始向腰部、腿部按摩，最後到達腳踝。按摩腿部時，請輕輕撫觸腿部的外側。

試試看！

便祕

嬰兒經常會便祕。便祕的成因幾乎都與生活習慣有關，寶寶便祕時，請重新檢視平常的生活。腿部運動（P36）也有改善便祕的效果。

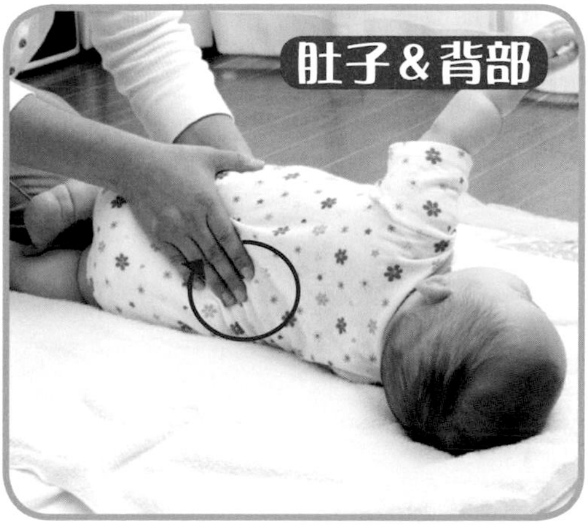

肚子和背部同時畫圓按摩

將兩手手心放在寶寶背部與肚子上，雙手同時順時針繞圈，利用手掌輕擦法按摩寶寶身體。也可以使用手掌壓迫法，不移動雙手，將手心放在背部與肚子上溫暖寶寶身體。背部與肚子同時被撫觸時，寶寶會覺得很舒服。

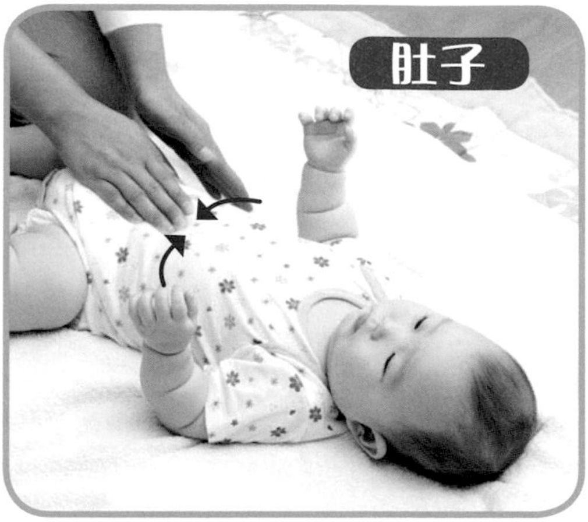

由外側向內輕推

單手放在寶寶肚子旁，將肚子上的肉輕輕推往肚臍方向，利用手掌輕擦法左右邊交互按摩。單手按摩時，另一隻手輕輕放在寶寶身上，注意雙手不要離開寶寶的身體。

請重新檢視飲食及生活步調

寶寶大便的次數與量有很大的個人差異，因此無法定義「幾天沒有排便就是便祕」。當排便間隔比平常久，寶寶看起來又不太舒服時，這樣的狀態就可以說是便祕。寶寶的消化器官發育尚未完全，因此便祕對他們來說可以說是理所當然會遇到的問題。寶寶之所以會便祕，可能是由於身體機能尚未發育完全等因素造成。其實大人也一樣，碰到出外旅行或是壓力較大的時期，就比較容易便祕。絕大部分的便祕都是來自生活習慣。便祕本身並不算是疾病，所以當寶寶便祕時，請勤於使用居家照護法，試著用溫和自然的方法解決，例如重新思考、調配飲食，以及改善生活步調等。若努力過後還是持續便祕，請前往醫院就診。因便祕而前往醫院治療，必須定期服用藥物的寶寶也不在少數。

※ 按摩手法請參照 P28～35

試試看！

腹瀉

寶寶的腹瀉症狀很難分辨，請仔細確認次數與大便軟硬狀態。若同時發生嘔吐時，可能會引發脫水，請及早就醫。

溫暖寶寶的肚子及腿部

把寶寶背在背上，一邊藉由體溫溫暖寶寶的肚子，一邊將手伸到後方握住寶寶的小腿肚，用手掌輕擦法上下摩擦寶寶的小腿到腳踝之間。背著寶寶時用這個方法按摩，可以同時溫暖寶寶的肚子和腿部。

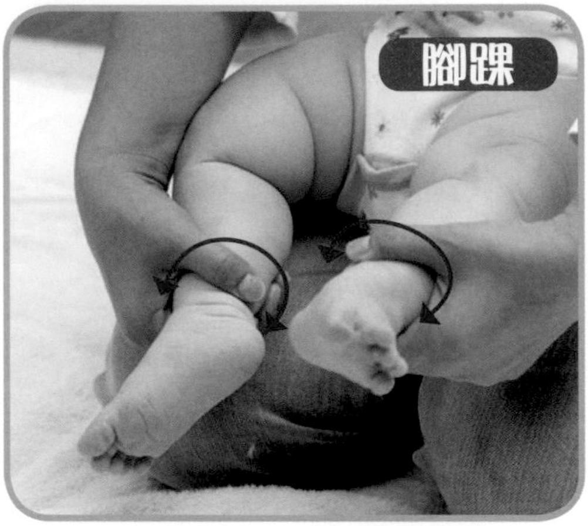

手指彎成圈圈，握住腳踝輕轉

用兩根手指彎出圓圈，輕輕套在寶寶腳踝稍上方，利用手掌輕擦法，手腕輕輕轉動，左右摩擦寶寶的腳踝。用整個手心繞圈摩擦，可以溫暖寶寶的腳踝。

充分補充水分 同時小心尿布疹

寶寶的大便原本就比較軟，因此很難一眼辨認出是不是腹瀉。大致上的判斷基準是大便水分含量比平常多，次數也較多，就很有可能是腹瀉。

寶寶腹瀉時，容易發生脫水症狀，因此請多讓寶寶補充水分。若同時發生腹瀉及嘔吐時，特別容易脫水，須多加注意。請少量多次讓寶寶飲用不刺激腸胃的飲料，例如溫開水、麥茶或嬰幼兒專用的電解質飲料等。同時建議餵寶寶吃蘋果泥或紅蘿蔔湯等溫和不傷胃，又可吸收水分，緩和腹瀉症狀的食品。基本原則是「食用上一個階段的副食品」，餵食寶寶白粥、鹹粥等易於消化的食物。

腹瀉時，通常也容易產生尿布疹，請經常更換尿布。寶寶屁股弄髒時，請以蓮蓬頭或臉盆裝好的水洗乾淨，不要用力擦拭。

試試看！

食慾不振

每個寶寶的食慾狀況因人而異。若能順利成長，就不需太過在意食量，或是一直與周圍的其他孩子做比較。不過，若是突然食慾不振，也有可能是疾病的徵兆。

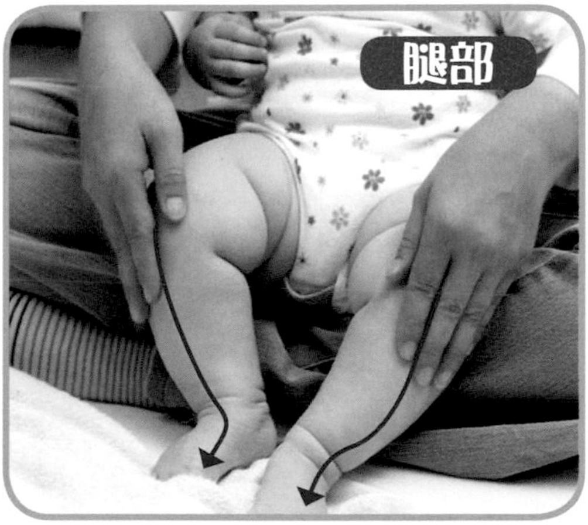

輕撫寶寶的腿部外側

使用手掌輕擦法，以整個掌心從寶寶的膝蓋下方順著腿部外側輕撫直到腳背。重點在於要順著腿部的外側撫摸。若是脖子還沒長硬的新生兒，請媽媽伸直雙腿坐下，讓寶寶坐在自己的腿上按摩。

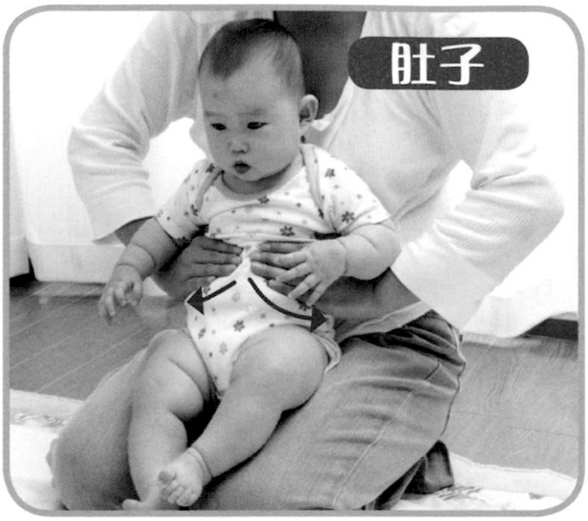

兩手向左右劃開

將兩手手心放在寶寶的肚子上，指尖在肋骨下緣靠近肚子中央的位置對齊。接著利用手掌輕擦法，兩手同時向左右移動劃開。做這個動作時，請如照片所示，先抱住寶寶再開始按摩。

寶寶的體重若能順利增加就代表沒有問題

不管是大人還是小孩，食慾都會有個體差異，有些人是大胃王，有些則食量很小。許多媽媽都會為了寶寶一餐的食量而感到開心或憂慮，擔心寶寶的食量比不上周遭其他孩子，不過，只要寶寶的體重順利增加，基本上就沒有什麼問題。如果太過在意育兒書中所寫的參考食量而強迫寶寶進食，反而可能造成反效果。

當寶寶突然沒有食慾時，必須確認這是不是疾病的徵兆。最常見的是感冒前兆。有的寶寶則是因為口內炎，吃東西時會痛，因而導致食慾低落。若同時有腹瀉、嘔吐等症狀時，或許是食物中毒。如果大便變白，則有可能是輪狀病毒腸炎。不管是不是這些疾病，在資訊過少的狀況下都難以判斷。寶寶身體狀況有異時，建議前往醫院就診。

※ 按摩手法請參照 P28～35

試試看！

異位性皮膚炎

造成異位性皮膚炎的原因雖然不明，但很容易因為壓力造成症狀惡化。請平常就多多和孩子親密接觸，讓孩子安心。

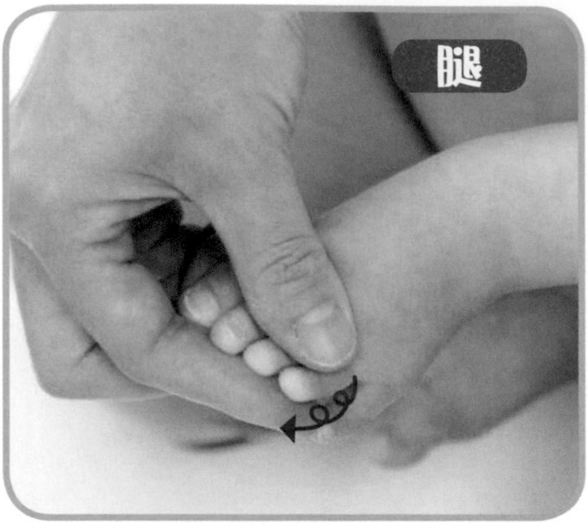

在腳趾上畫圈後輕輕放開

用拇指與食指輕輕捏住孩子大拇趾趾根，以二指輕擦法用指尖輕輕繞圈。繞到腳趾甲兩側時，先停下來，再輕輕放開。依序按摩腳拇趾到小趾。

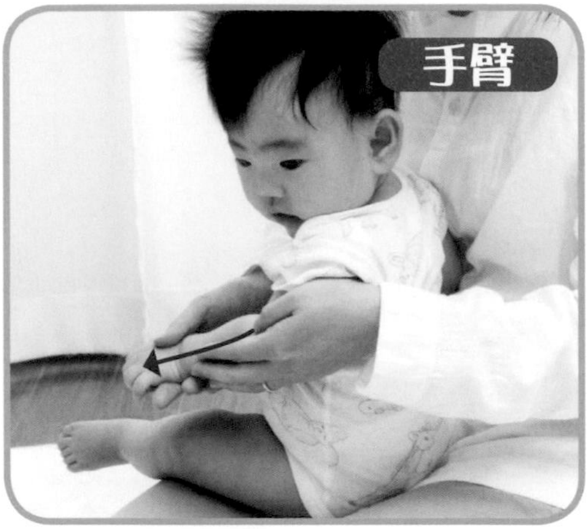

從手肘輕撫到手背

使用手掌輕擦法，以整個掌心從孩子的手肘外側向手背輕撫。注意要按摩的部位是手臂外側（平常會照到陽光的部分）。可以將寶寶側抱，較方便按摩。

心理因素會造成很大的影響

異位性皮膚炎沒有明確的病因，是需要長期治療的疾病。目前已知與精神壓力有密切的關聯，遭逢壓力時症狀便會惡化。發病時會長出溼疹，此時不太適合撫觸肌膚，因此請平時就多和孩子親密接觸，讓孩子安心平靜。

治療異位性皮膚炎時，也有醫生的治療是每天抱著孩子，對他們說「癢癢一定會好起來」。目前認為，異位性皮膚炎雖然是因為生理因素而發病，症狀好轉與惡化卻受心理因素影響。罹患異位性皮膚炎的孩子多是個性較為神經質，不太會表達情緒的內向性格。過去也有在自然環境中盡情玩耍，發洩壓力之後，症狀就隨之減輕的病例。治療時請遵照醫囑使用醫生開立的類固醇藥劑，切勿依賴民俗療法。

試試看！

尿布疹

尿布疹是肌膚與尿布接觸的部位發生發炎現象。
長尿布疹時，寶寶會很不舒服。請經常保持寶寶屁屁清潔，預防尿布疹。

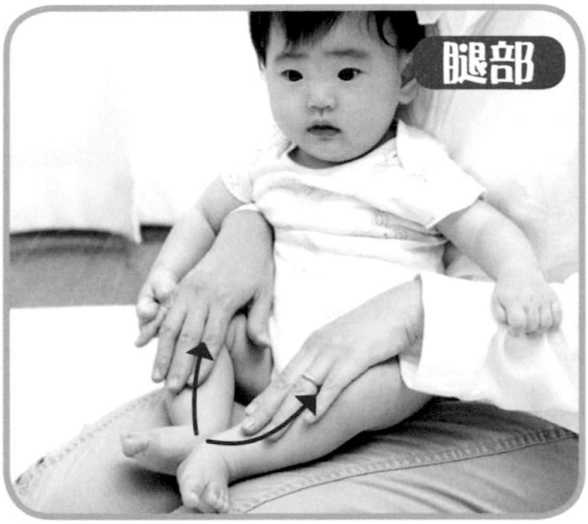

從下往上輕擦寶寶腿部

將雙手放在寶寶的腳踝上，使用手掌輕擦法往上按摩到大腿。請從腳踝偏內側處開始輕擦。按摩時，建議媽媽用抱住寶寶的姿勢。按摩腿部可以促進尿布疹患處的血液循環。

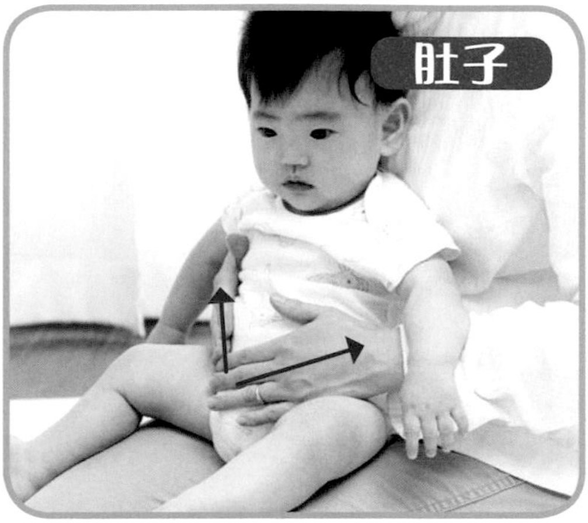

從中間向兩邊輕輕摩擦

將兩手手心放在寶寶身上，指尖對齊在肚臍下方的肚子中間，使用手掌輕擦法，兩手同時向左右輕輕劃開。媽媽可以用抱住寶寶的姿勢按摩。藉由提高腸道的消化效率，促進尿布疹及早痊癒。

預防尿布疹 以清潔、乾燥為原則

寶寶的肌膚比較薄，皮脂分泌量也比較少，因此較為敏感，對外界刺激的防禦力較弱。再加上屁股一直包著尿布，皮膚會在汗水與尿液的高濕度下變皺且容易受傷。在這種狀態下，皮膚受到尿液或大便中含有的成分刺激而發炎，便會引發尿布疹。出現尿布疹時，包著尿布的部位會變成紅色，嚴重時還會冒出一顆顆疹子，甚至可能破皮，此時患部會又癢又痛，寶寶也會覺得非常不舒服。

要預防尿布疹，必須保持寶寶屁股的清潔。經常更換尿布，保持屁屁乾爽。特別是寶寶大便後，必須仔細擦乾淨，但不能擦拭太用力。肌膚較脆弱時，光是用力擦拭就會造成刺激，容易引發尿布疹。

※ 按摩手法請參照 P28 ～ 35

感冒、咳嗽、流鼻水、花粉症、小兒氣喘

這個類型的孩子一年四季都容易感冒，對氣溫的變化相當敏感。除了強化呼吸系統的按摩之外，也建議積極多到戶外運動。

多到戶外玩 鍛鍊呼吸系統

這個類型的孩子由於呼吸系統較弱，因此常常感冒，也常發生扁桃腺腫大或是鼻子過敏等症狀。對於氣溫的變化十分敏感，季節變換時必須特別注意身體健康，夏天也要提防吹冷氣造成的夏季感冒。

請在天氣晴朗時多帶孩子出門，讓他在戶外多玩一玩。藉由活動身體大量流汗之後，虛弱乾燥的肌膚也會自然變強健。想強化呼吸系統時，按摩的時機必須選在天氣暖和的春天至夏天頻繁進行。秋冬則只要按摩重點部位即可。

預防勝於治療

積極進行強化呼吸系統的按摩，鍛鍊出不易感冒的強健身體。

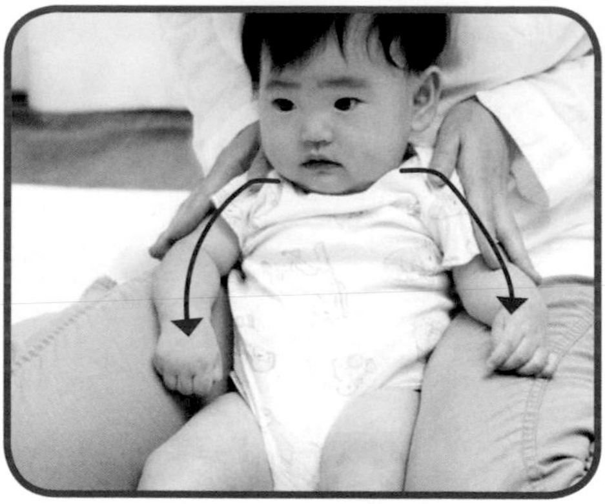

肩膀到手腕

從肩頸交界處按摩到手腕

使用四指輕擦法，以4根手指整根從肩頸交界處沿著手臂外側輕輕往下撫摸。按摩時兩手同時進行。

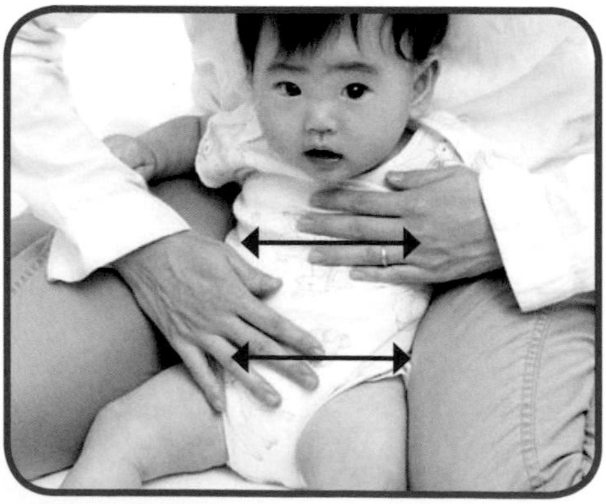

肚子

雙手在肚臍上下來回按摩

兩手手掌放在寶寶的肚臍上下，以手掌輕擦法左右平行移動雙手，輕輕摩擦寶寶的肚子。

試試看！

感冒

對孩子和大人而言，感冒是生活中最常見的傳染病。
感冒病毒是藉由空氣傳染，因此若想預防孩子感冒，全家人都必須提高警覺。

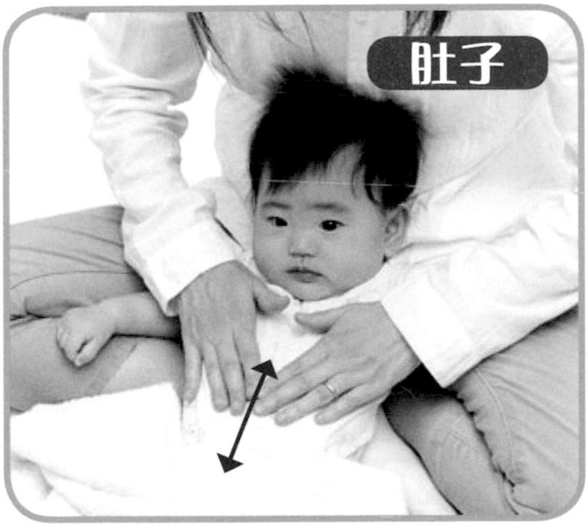

上下按摩整個肚子

請將手掌放在肋骨下方，利用手掌輕擦法向下輕撫腹部，上下按摩整個肚子。建議在感冒逐漸痊癒時進行，幫助孩子調整腸胃機能，提高自癒能力。

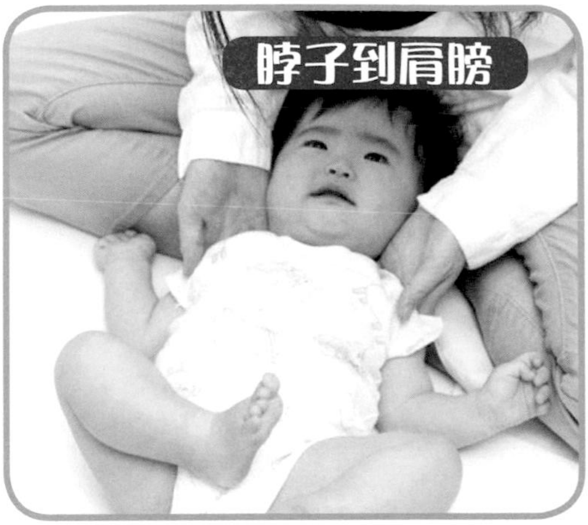

溫暖後頸，阻絕感冒病毒

使用手掌輕擦法，用整個手心從孩子的脖子後方開始溫暖肌膚，接著朝肩膀方向輕輕摩擦。在孩子剛剛染上感冒時，用這個方法按摩可以提高抵抗力，防止症狀惡化。建議進行時媽媽盤腿，讓孩子頭躺在腿上的姿勢，較方便按摩。

鼓勵孩子積極在戶外玩耍鍛鍊強健體魄

寶寶在滿6個月前，身上還有出生前從媽媽身上獲得的免疫力，因此很少感冒。孩子感染感冒病毒時，3天以內會出現打噴嚏、流鼻水、發燒及咳嗽等症狀，有時還會四肢倦痠痛、腹瀉或嘔吐，大多會在3天左右退燒，其他症狀也會慢慢平復。

感冒時，一定要靜養。快要感冒或已經感冒時，請不要讓孩子穿上厚重的衣物，而是要穿上保護肌膚不受風寒的輕薄衣物。尤其是脖子、手腕與腳踝等關節處，須特別注意避免風寒。

預防感冒需要均衡的飲食、充分的睡眠與適度運動。請不要因為怕孩子感冒而不讓他出門，應該多鼓勵他在戶外玩耍，增進抵抗力。夏季到秋季更是鍛鍊肌膚健康的好時機。

 ※按摩手法請參照 P28 ～ 35

試試看！

咳嗽

孩子咳嗽時，請仔細觀察症狀。咳嗽有時可能是嚴重疾病的徵兆，請及早因應。

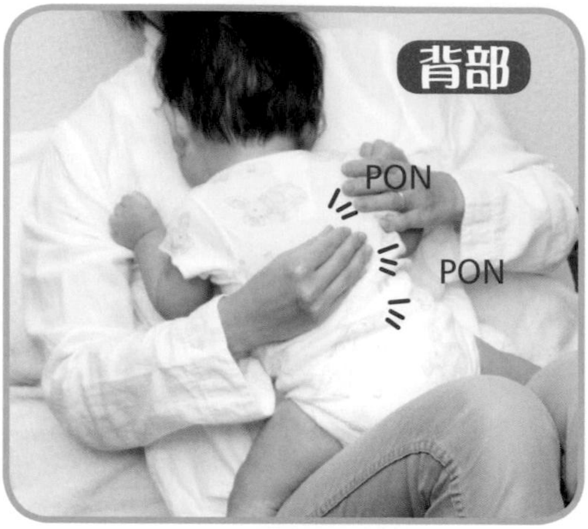

讓孩子前傾，輕拍他的背

媽媽靠牆坐下，抱住孩子前傾的身體，胸部和肚子貼在媽媽身上。使用拍打法將手掌彎成飯碗形，從下往上像跳躍一樣輕拍孩子的背。

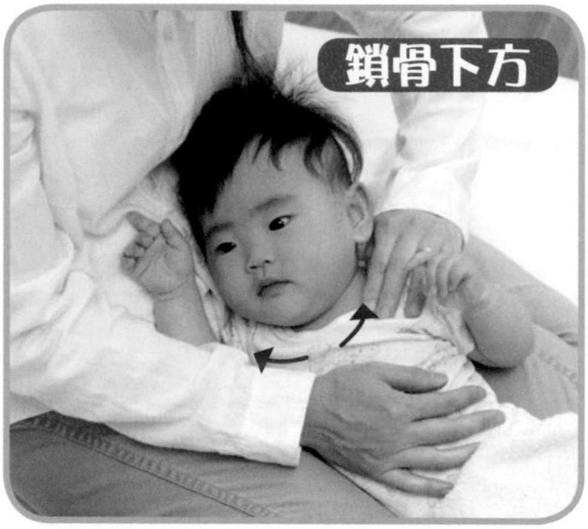

沿著鎖骨從內側輕輕摩擦到外側

使用四指輕擦法，將4隻手指指腹放在孩子鎖骨下方，從內側沿著鎖骨向外輕撫。按完後，另一邊鎖骨也以相同的方式輕擦。這個按摩方法可以提高呼吸系統的功能。

某些咳嗽症狀 可能是嚴重疾病的徵兆

咳嗽並不是只有感冒時才會出現的症狀。若是久咳不癒、沒有食慾或是咳嗽症狀和以往不同，有可能是支氣管炎或肺炎的徵兆，請及早就醫。若呼吸時伴隨痛苦的咻咻聲且氣色不好時，則可能是呼吸困難，即使是半夜也必須緊急就醫。此外，如果是突然劇烈咳嗽，也有可能是誤吞異物導致噎住。

當孩子咳嗽不止，很不舒服時，請將他直立抱起，讓氣管伸直，接著摩擦或是咚咚地輕拍他的背，卡住的痰就會清出來，呼吸也會比較輕鬆。

空氣太乾燥時，容易引發咳嗽。這時可以在家裡放置加濕器，或是將洗好的衣服、毛巾晾在室內，以提高濕度。孩子咳嗽時，請觀察情況，適時補充水分，加速排出痰液。

試試看！

流鼻水

鼻水塞住鼻子時，呼吸會很吃力，要喝母奶或牛奶也會比較困難。
因此當孩子有鼻水時請經常幫他擤出來。鼻水黏稠且有顏色時，須特別留意。

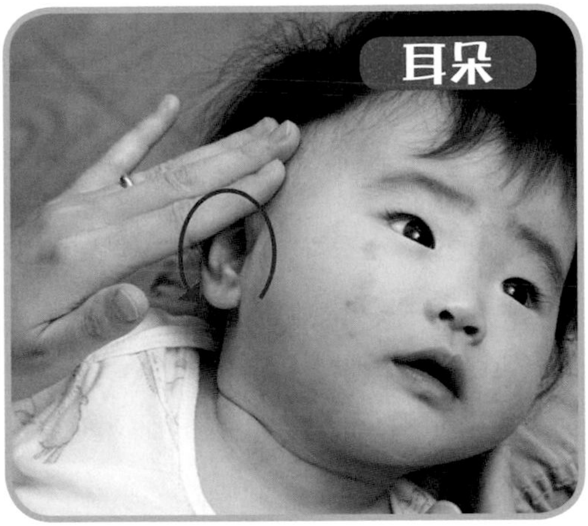

繞圈按摩耳朵周圍

使用四指輕擦法，以4隻手指的指腹從耳朵前方繞圈輕撫至後方。若是新生兒，也可以使用拇指輕擦法，用拇指來按摩，四隻手指扶在寶寶頭部後方。

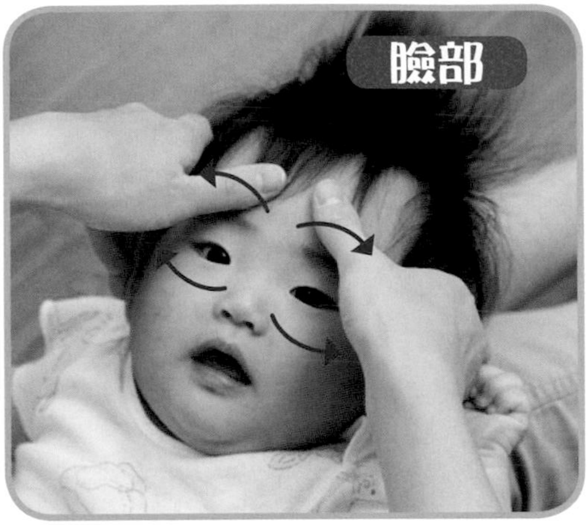

輕撫額頭與鼻翼兩側

使用拇指輕擦法，以拇指指腹輕擦額頭及鼻翼兩側。按摩的方式是從臉部的中央向外側輕柔緩慢地撫摸。拇指以外的四隻指頭放在耳朵上固定，孩子也會比較安心。

記住清鼻水的方法
鼻塞時須經常清理

流鼻水與輕微的鼻塞都是常見的症狀。鼻子塞住時，寶寶呼吸會顯得吃力，也較難喝下母乳或牛奶，因此鼻塞對寶寶來說是相當棘手的症狀。寶寶鼻塞時，請不要催促寶寶喝奶，中途要休息，也不要忘了常常替寶寶清鼻水。

清理鼻水時可以用嬰兒用的棉花棒或市售的吸鼻器，不過許多寶寶都會抗拒。這時若是使用清理鼻水的按摩法（P32）就會十分方便。清出鼻水之後，感冒也會比較快痊癒，請媽媽一定要試著多練習。此外，將熱毛巾放在鼻子下方熱敷，也有助於緩解鼻塞，或是使用加濕器提高室內的濕度，也有不錯的效果。

另一方面，若是流出來的鼻水呈現黃色、綠色或是褐色等顏色時，必須特別注意。這類鼻水可能是傳染病的徵兆，請及早就醫。若是放置不管，可能會引起中耳炎。

 ※ 按摩手法請參照 P28～35

試試看！

花粉症

花粉症有逐漸低年齡化的趨勢，兒童的症狀與成人相同，回到家中時請記得幫孩子更換衣物，洗好的衣服也不要晾在室外，盡量設法減輕症狀。

從指根向指尖繞圈圈，再輕輕放開

媽媽用拇指與食指輕輕捏住孩子的指根，接著用二指輕擦法繞圈輕撫至指尖，最後夾住指尖的兩側，再輕輕彈開。請按照拇指到小指的順序一一按摩。

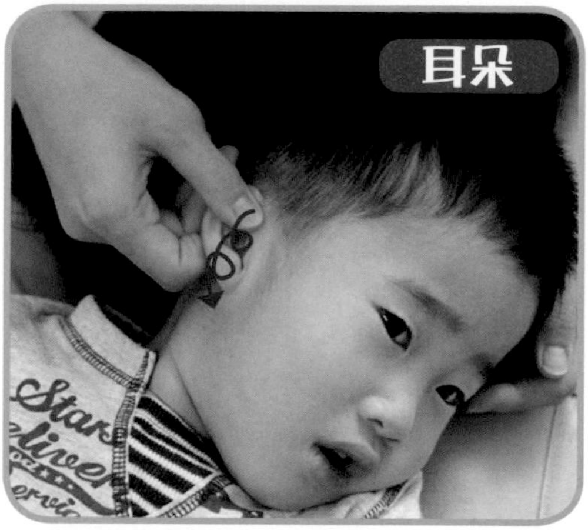

從耳根上方往下繞圈按摩

使用拇指輕擦法，從耳根上方向下繞圈輕擦。替幼兒按摩時，請以拉動耳根的方式輕柔摩擦，不要弄痛孩子。按摩時也可以向下輕拉耳垂。

孩子出現異狀時請接受過敏原檢查

成人與兒童罹患花粉症的病例每年都有增加的趨勢，發病的年齡也越來越低。過敏體質雖然有遺傳的可能，但這種疾病本身並不會遺傳。因此，即使父母都有花粉症，孩子也不見得一定會對花粉過敏，請不要過於悲觀。

一般而言，當抗原第一次進入體內後，身體會製造出抗體，因此花粉症要到下一個花季才會發作。也就是說，1歲以下的嬰兒基本上應該不會得花粉症。塵蟎或室內的灰塵、寵物等引起的過敏反應機制也與花粉症相同。兒童的症狀與成人一樣，都是流鼻水、打噴嚏、眼睛發癢等。若覺得孩子有類似情形，請接受過敏原檢查。

請盡量讓孩子攝取多樣化而均衡的飲食，有助於抑制過敏的症狀。

試試看！

小兒氣喘

小兒氣喘與自律神經緊張有關。建議藉由身體接觸多的按摩方式，緩解孩子內心的不安。若察覺孩子呼吸情況有異時，請立即就醫。

用手心熱敷整條腿

請抱住孩子，讓孩子的胸部和肚子貼在媽媽身上，接著利用手掌輕擦法，用手心從大腿慢慢向下撫摸到腳踝，溫暖孩子的整條腿。按摩時請讓孩子的身體稍微前傾。

輕輕撫摸、拍打

利用手掌輕擦法，將整個手心放在孩子的脖子下方，輕輕往下移動。或是利用拍打法，將手掌彎成飯碗形，像在叫孩子起床一樣，以輕快的節奏從上到下輕拍背部。

藉由頻繁的親密接觸緩解過度緊張

小兒氣喘發病與自律神經過度緊張有相當大的關聯。氣喘發作次數越多，越容易變成習慣。病情嚴重時，孩子甚至可能因為看到身邊的人氣喘發作，或是父母臉上不安的表情就誘發氣喘。同時，氣喘發作帶來的痛苦與不安也會導致自律神經過度緊張，造成更嚴重的緊張而因此陷入惡性循環。孩子氣喘發作時，請抱起他的身體，解開衣服並補充水分，緩解呼吸困難的症狀。

擁抱療法能夠有效緩解孩子的緊張不安。為了抑制氣喘發作，在家吸入抑制氣喘的藥物，對孩子而言本身就是一種會覺得不安、憂慮的行為。因此使用氣喘吸入劑時，請讓孩子躺在媽媽的腿上，聽媽媽唸故事書，培養溫柔互動的習慣。

※ 按摩手法請參照 P28 ～ 35

尿床、不易入眠、怕生、易怒、易疲倦

精神和體力之所以有明顯的高低起伏，與容易受寒的體質不無關係。請盡量幫助孩子溫暖身體，養成睡眠充足且規律的生活作息。

消除肚子及腰部受寒造成的不安感

原本以為孩子應該在外面玩耍，結果卻窩在家裡足不出戶，這個類型的孩子精神和體力狀況不濟，因此專注力難以持續，有時可能缺乏堅持到最後的毅力。這個類型的特徵是乍看之下似乎很有精神，個性也很積極，但卻會因為一點小事而感到害怕。此類型的孩子無法藉由多吃有營養的食物就培養出體力，因此必須留意維持睡眠充足、規律的生活作息。

此類型的孩子肚子、腰部與腿部容易受寒，因而造成情緒不安。請利用溫暖身體的按摩法消除不安感。

預防勝於治療

推薦孩子與媽媽親密接觸多的按摩法，不但可以溫暖身體，還有療癒心靈的效果。

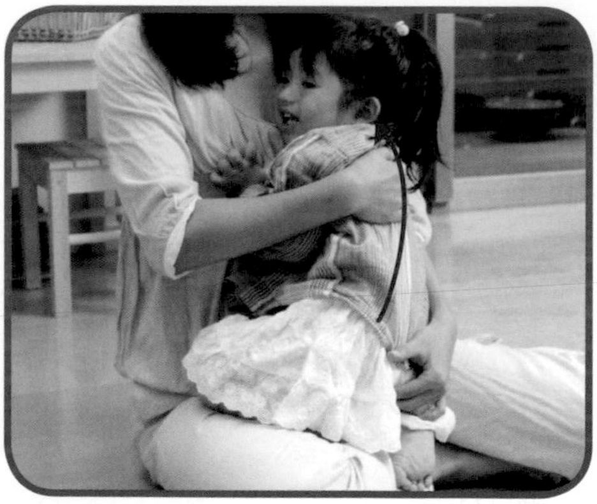

腰部到脖子

從腰部往上撫摸到頸根

抱住孩子，讓孩子的胸部與肚子貼在媽媽身上。利用手掌輕擦法，手心先放在孩子的腰部，再向上輕輕滑動到頸根處。

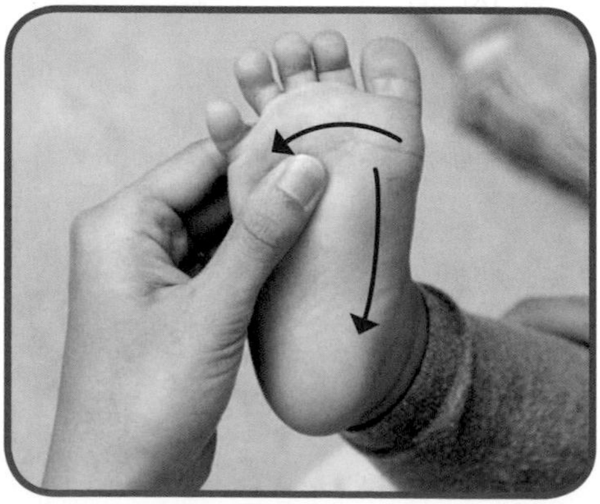

腳底

以拇指指腹輕輕按摩腳底

利用拇指輕擦法，以拇指指腹從腳拇趾趾根輕按至小趾趾根，再由腳拇趾趾根向腳跟方向直向按摩。

試試看！

尿床

尿床可能是親情不足的徵兆。孩子尿床時，請不要責罰他，試著回想是否有充分陪伴孩子，也是一種改善的方法。

畫圓輕撫背部

孩子面對媽媽，讓孩子肚子與胸部貼在媽媽身上。將手心放在腰部，利用手掌輕擦法，順時鐘畫圓輕撫。一邊藉由媽媽的體溫溫暖孩子的肚子，一邊輕柔按摩背部。

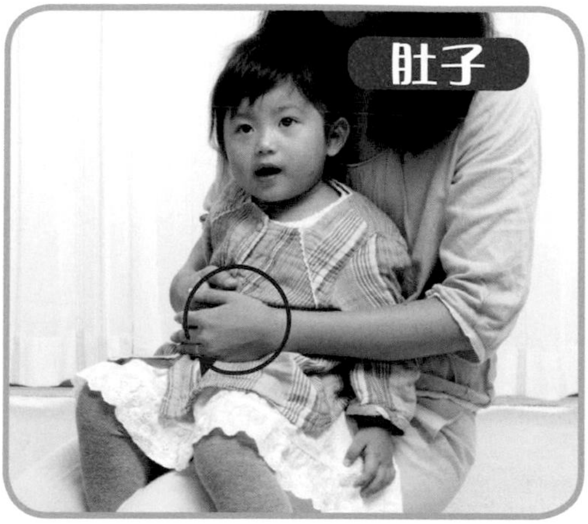

畫圓輕撫肚子

將孩子抱著坐在媽媽腿上，讓孩子緊貼著媽媽的腰部和肚子。將手心放在孩子肚子上，接著利用手掌輕擦法，以肚臍為中心順時鐘畫圓輕撫肚子。抱著按摩也有安撫情緒的效果。

即使失敗也請父母不要生氣 盡量讓孩子安心吧！

尿床指的是晚上睡覺時無意識地小便。一般到2歲為止稱為小兒夜尿，尿床則泛指5歲以上兒童發生的症狀。尿床有許多原因，其中有糖尿病、膀胱炎等已經釐清為確定因素，但也有尚未解析出來的因素。幾乎所有的尿床症都會隨著年齡增長自然消失，但若患有前述的疾病，就需要接受專業治療。

有些兒童的尿床症狀與親情不足有關。尿床或許代表著「希望爸媽多疼疼我」、「多陪陪我吧」。特別是一度消失的尿床症再次發生時，親情不足的可能性更大。在這樣的情況下，爸媽不可以對尿床的孩子發怒。

孩子有尿床情形時，請在睡前充分肌膚接觸以增加親密度，讓孩子安心。

 ※按摩手法請參照P28～35

試試看！

不易入眠

不易入眠是幼兒常出現的症狀。請於睡前安撫孩子，建議讀故事書或唱歌，藉由小小的睡前儀式幫助孩子入睡。

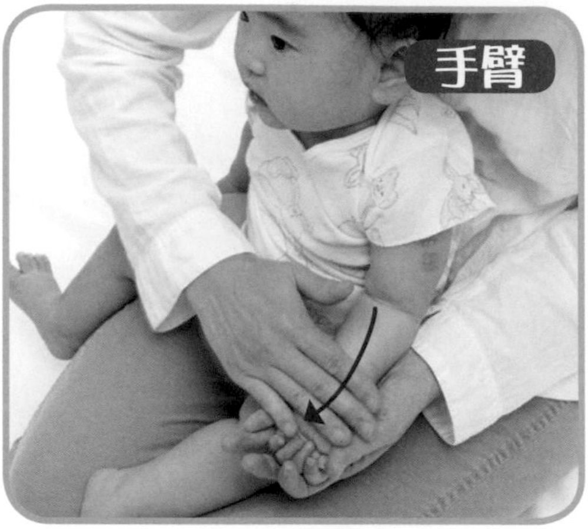

從手肘往下輕撫到手心

利用四指輕擦法，使用4隻手指從寶寶的手肘內側順著手臂往下撫摸到手心。按摩時請注意摸的位置是手臂內側（較少曬到太陽的部位）。另一隻手臂也用同樣的方式輕輕撫摸。

輕撫小腿

媽媽屈膝而坐，讓寶寶趴在腿上。利用手掌輕擦法以手心從小腿肚由上往下輕輕撫摸。按摩時，媽媽可以用雙腳打拍子，幫助寶寶安靜下來。也可以用手輕拍寶寶的背。

去除睡眠時的不安與不舒服

寶寶想睡覺時，自律神經會失衡，因而感到不舒服，此時可能會心情惡劣或是哭泣。另一個說法是寶寶恐懼睡眠，因此一愛睏就會感到不安而哭泣。不論事實如何，不易入眠是幼兒常見的症狀，不須特別擔心。請安排好生活步調，白天盡量讓孩子外出活動身體，晚上則避免刺激。爸媽可以在睡前抱抱、拍拍孩子的背，陪孩子入睡，緩解睡覺時的不安與不適，孩子便能安心入睡。

也建議爸媽每天睡前做一件相同的事情，當成孩子的「入眠儀式」。例如唸故事書、關燈後唱歌哄睡等等，每天晚上重複進行，讓這件事成為睡覺的儀式。

這麼一來，孩子就會在「儀式」進行時了解現在已經是睡覺時間，較容易入眠。

試試看！

怕生

怕生是孩子成長的證明，請不要強迫孩子改正，靜靜守候，不須焦急。
先試著帶孩子到較多小朋友聚集的地方，讓他慢慢習慣。

從上往下輕撫

將整個手心輕貼在孩子脖子下方，利用手掌輕擦法將手輕擦到屁股上方處停下來。按摩時抱住孩子，讓孩子的胸部和肚子貼在媽媽身上，有安撫心神的效果。

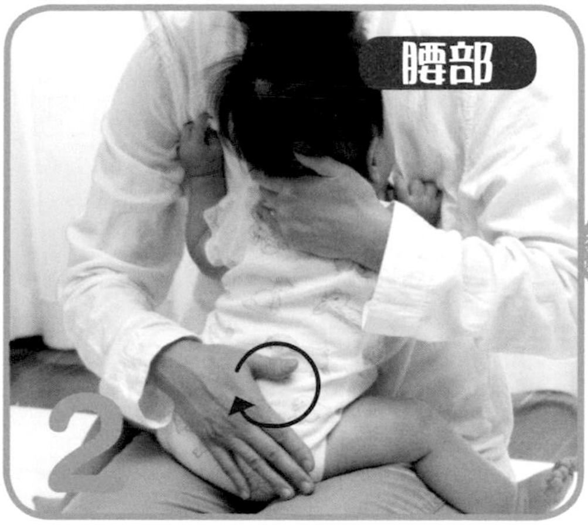

在臀部上方輕輕畫圓

以相同的姿勢抱住孩子，接著利用手掌輕擦法，用整個手心畫圓輕擦。畫圓的速度要慢且有節奏感。這個動作有緩解緊張，安撫情緒的功用。

請周遭親友諒解 不要勉強孩子給抱

一般而言，孩子出生後約6個月會開始怕生，8個月時會到達巔峰。不過怕生的程度有很大的個人差異，較早的會從4個月左右就開始，持續到1歲左右。寶寶看到媽媽以外的人就突然大哭，有時會讓媽媽相當尷尬。不過，怕生其實是成長的證明，積極接受這個事實，慢慢建立寶寶與其他人的關係，就能夠自然解決這個困擾。孩子怕生的原因可能是出自於「我要被迫與最喜歡的人分離嗎」的不安感，或是與陌生人的交流方式和過去習慣的溝通節奏不同。首先請先向孩子的祖父母及親朋好友說明寶寶目前正在怕生的階段，請他們諒解，不要勉強孩子給其他人抱。看到媽媽和其他人開心交談的模樣，寶寶也會慢慢發現「這些人和我最喜歡的媽媽很要好，所以沒關係」而逐漸解除警戒心。

※按摩手法請參照P28～35

試試看！

易怒

孩子鬧脾氣時，訓斥只會帶來反效果。為了幫助控制情緒的功能發育，建議鼓勵孩子多玩盪鞦韆、跳跳床等需要用全身取得平衡的遊戲。

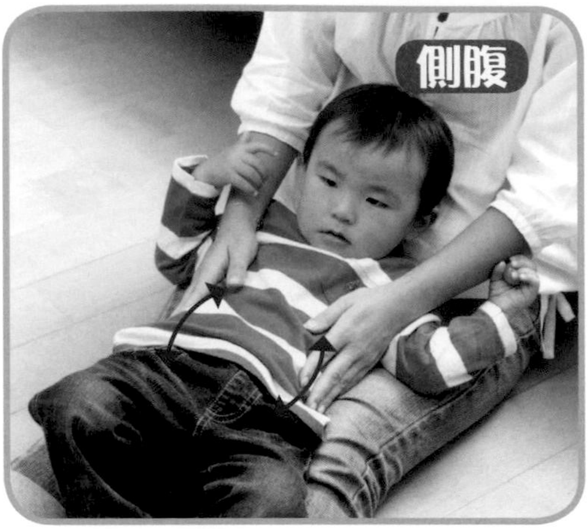

摩擦兩邊側腹

用兩手手心夾住孩子的側腹，接著使用手掌輕擦法，上下移動雙手，從腋下輕擦至腰部。孩子覺得癢時，請稍微加重力道夾住側腹按摩。

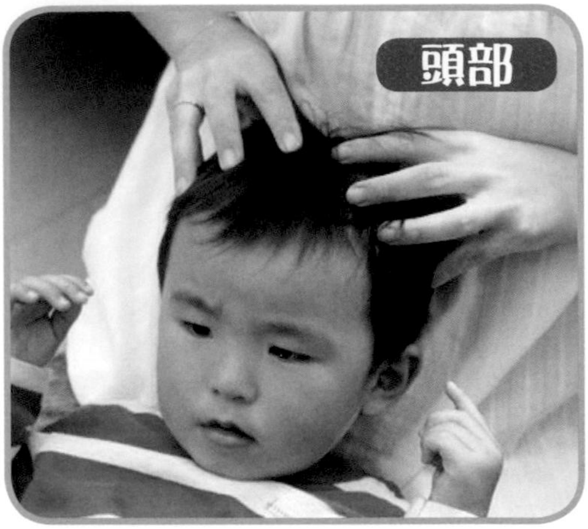

從額頭到頭頂

將4隻手指的指腹放在頭上，使用四指輕擦法輕輕由額頭摩擦至頭頂。額頭部位也可以使用拇指輕擦法，利用拇指指腹按摩。仔細按摩頭部的每個角落，讓孩子舒舒服服，神清氣爽。

以自然的態度幫忙孩子做想做的事

孩子學會走路後的1～2年間，情緒會相當激烈，當孩子的期待或願望沒有達成時，可能會鬧脾氣、哭泣或發怒。為了讓孩子能夠學會控制情緒，不能只要求他壓抑自己的欲望。我們常說「相信別人才能夠相信自己」，控制情緒也是一樣的道理。培養孩子能夠掌握周遭事物後，才能夠真正學會控制自己的衝動。

因此，當孩子無法順利做到，或是強調自己的主張時，不如協助他，盡量讓他能夠做到吧。爸爸媽媽一起幫忙孩子行動，不要以「這件事你還做不到」等理由要孩子放棄。即使是經由他人幫忙才能實現，只要孩子主張想做的事情能順利做到，就能成為孩子獨自處理衝動的原動力。

試試看！

易疲倦

每天早上在固定時間起床，白天在外遊玩，活動身體等，調整生活作息。
並請積極增加可以活動全身的遊戲。

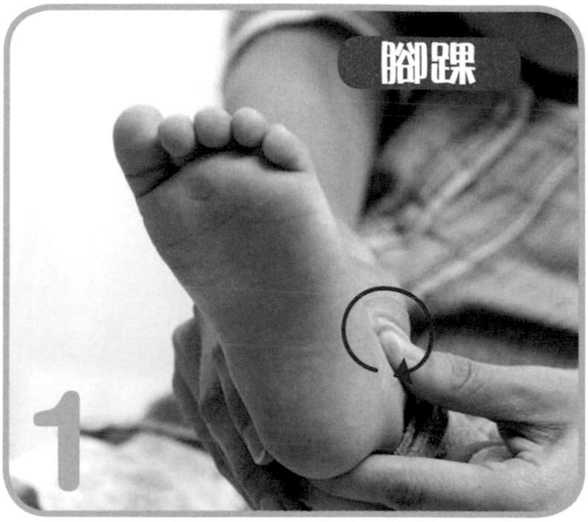

拇指在腳踝外側畫圈

使用拇指輕擦法，以拇指指腹在孩子的腳踝外側畫圈輕按。孩子容易疲倦的話，請每天早上在固定時間叫他起床。然後一早就先用這個方法替他按摩。

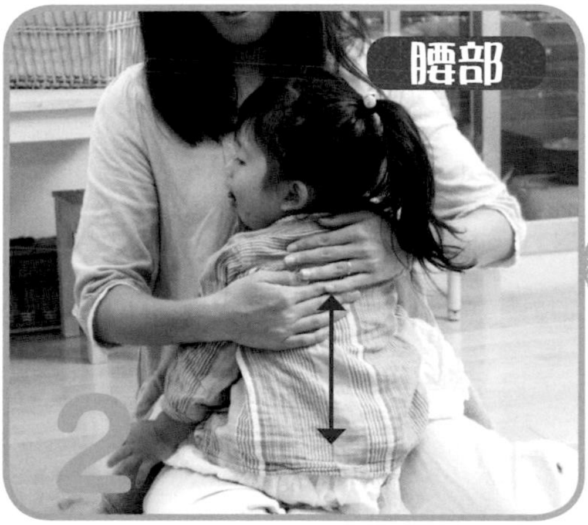

從肩胛骨下方輕撫至腰部

使用手掌輕擦法，兩手手心放在肩胛骨下方，接著輕撫至腰部。雙手上下滑動，撫摸整個背部。按摩前及按摩後請積極讓孩子活動身體。

經常說「好累喔」是抗壓不足的徵兆

幼兒時期，孩子不太可能容易疲累。容易疲倦可能代表著罹患某些疾病。當2歲以上的孩子自己說出「好累」的時候，大致可以分成兩種可能性。

第一種是孩子的身體真的感到疲累。這種情形多半是由於熬夜或生活作息混亂，因此早上起床後，交感神經仍無法正常運作，導致整個上午甚至一整天都昏昏沉沉，容易感到疲倦。只要早起並確實吃早餐，馬上就能夠改善。

另一種則是孩子稍微身體疲倦和不舒服就用「好累喔」來表達。這可能是由於父母過度保護，造成孩子抗壓性不足。若是爸媽很快就接受孩子的任性要求，或是不管什麼事都幫孩子做好，孩子就會討厭忍耐，也不喜歡去做麻煩的事。在這種情況下，爸媽必須慢慢改變與孩子相處的態度。

※ 按摩手法請參照 P28 ～ 35

Column

開始幫寶寶按摩以後…

以下是幾位持續幫寶寶按摩的前輩媽媽提供的感想。
寶寶按摩不只對孩子好，對媽媽也有許多好處喔！

摸著寶寶柔軟的肌膚，每天都好療癒！

這是我的第一個孩子，丟臉的是我根本不知道該怎麼抱，也不懂該怎麼觸摸他。還好有一位認識的媽媽推薦我幫寶寶按摩，開始試著按摩以後，我就學會自然撫摸寶寶了。自從開始按摩之後，原本感覺生疏、有距離的寶寶，感覺也變得離我好近。一邊按摩，一邊觸摸著孩子柔嫩的肌膚，連幫忙他按摩的我都覺得好療癒喔！

史夏（28 歲）

雖然剛開始孩子會抗拒按摩，但現在喜歡得不得了

剛開始幫孩子按摩時他會抗拒、哭泣，不太想讓我碰觸他的身體。我當時覺得「我家的孩子可能不適合按摩吧」，幾乎快要放棄時，後來嘗試著從孩子不會抗拒的部位開始觸碰，並且盡量營造歡樂氣氛，一邊對孩子說話，一邊挑戰按摩，孩子漸漸就對我敞開心房，不再抗拒了。現在他喜歡按摩喜歡得不得了呢！

阿雅（30 歲）

開始按摩之後，孩子夜哭的次數減少了

我的孩子每天晚上都會夜哭，因此我也一直睡眠不足，正感到困擾時，剛好接觸到寶寶按摩。由於之前嘗試過許多改善夜哭的方法都沒有什麼成效，我原本對按摩也是半信半疑，結果實際在睡前一幫孩子按摩，他很快就平靜下來，睡得也比較熟，夜哭次數比以前少了很多。現在即使孩子偶爾夜哭，我也能心有餘力地溫柔安撫他。我覺得這是非常大的進步。

小拓媽媽（25 歲）

寶寶長大後，按摩依然是特別的時光

我在寶寶滿月後開始幫他按摩，現在已經 3 歲了，只要告訴他「現在要按摩囉」，他就會馬上停止遊戲，飛奔過來。我幫孩子按摩的時間大致上都是固定的，如果比平常晚一些，孩子就會主動問我「媽媽，還沒有要按摩嗎？」即使是相同的按摩方法，孩子的反應也會漸漸產生變化，真是令人開心。現在按摩已經成為我和孩子重要的親密時光了。

小京（33 歲）

PART
4

好開心！
邊唱歌邊按摩

邊唱歌邊幫孩子按摩，
可以幫助媽媽按摩時更有節奏，
同時放鬆不必要的力道，
氣氛也能更加愉快。
孩子一邊聽著媽媽的聲音一邊接受撫觸，
按摩的效果也會跟著 UPUP ！

按摩的祕訣在於營造歡樂氣氛

事實上，氣氛對按摩效果有極大的影響。這個單元將介紹營造開心氣氛的訣竅及配合兒歌的按摩方式。

孩子從小就非常喜歡音樂

按摩時必須營造良好的氣氛。即使是成人，在眾目睽睽之下也會感到緊張，這時就算接受按摩，也不會覺得舒服。孩子當然也一樣。

有許多方法都能創造愉快的氣氛，其中既簡單又有效的方式就是邊唱歌邊按摩。孩子從小就喜歡音樂，許多孩子在大哭時一聽到音樂就會停止哭泣，或是一聽到音樂，身體就會開始自然擺動。

三種舒適一次滿足

按摩時，節奏非常重要，邊唱歌邊按摩的優點在於較容易對上拍子。此外，如果按摩時沉默不語，媽媽很容易會在無意識間過於用力。一邊唱歌一邊按摩有助於放鬆手勁，以輕柔的力道幫孩子按摩。**能讓孩子聽到還在肚子裡時就聽慣了的媽媽的聲音，眼神交流，再加上輕柔撫摸，便是唱歌按摩帶來的三種舒適感。**配合唱歌的按摩效果好得說不完！

孩子長大後，效果依然棒！

在寶寶還小的時候多讓他聽聽歌、陪他遊戲，孩子長大以後，只要對他說「來唱歌吧！」孩子就會開心地湊上來。一邊唱歌一邊按摩也是相同的道理，只要讓愉快的情緒留在記憶裡，即使孩子長大後跟他說「來按摩吧！」依然能一起共享親子愉快的時光。

只要抓住訣竅，就能打造更快樂的氛圍！

只要花一點點心思，就能讓按摩樂趣倍增！
要哄孩子開心，最重要的是媽媽自己也要開心！

好玩的事要開始囉～

看著孩子的眼睛微笑

開始按摩時，請看著孩子的眼睛微笑，告訴他接下來要開始做一件好玩的事。看到媽媽的微笑，孩子也會跟著放鬆身心。

搖啊搖～♪

別在意音準！重要的是和孩子互動

即使有點走音也沒關係，歌詞也不必全部照著唱，重要的是媽媽和孩子的互動交流。試著將歌曲改編各種可愛有趣的版本吧！

♪放到砧板上
呀～滾呀滾！

用稍微誇張的表情和音調

唱歌時如果聲音太小，聽起來像喃喃自語，就會浪費了好不容易學會的按摩。誇張的表情加上抑揚頓挫的歌唱方式，對孩子來說反而剛剛好。

全身按摩

醃蘿蔔

1個月～

這個按摩法是把孩子的身體當成一條蘿蔔，能夠刺激全身上下每一寸肌膚，並且能逗孩子笑，讓他發洩平常累積的壓力。不過，因為小嬰兒的身體特別脆弱，按摩時一定要放輕力道，輕柔地撫摸。

醃蘿蔔　　作詞・作曲　二本松はじめ

拔 了 一 個 白 蘿 蔔 啪 啪 啪 啪 刷 掉 土
刷 刷 刷 刷 洗 乾 淨 甩 甩 甩 甩 瀝 乾 水
放 到 砧 板 上 呀～ 滾 呀 滾! 唰 唰 唰 唰 撒 點 鹽
咻 咻 咻 咻 醃 啊 醃 滾 滾 滾 滾 醃 啊 醃
放 進 桶 子 咻 咻 咻 醃 好 了 一 條 白 蘿 蔔 「我開動囉～」

※可以上YouTube網站搜尋「大樹林出版社　寶寶按摩聖經」跟著音樂邊唱邊按摩喔！

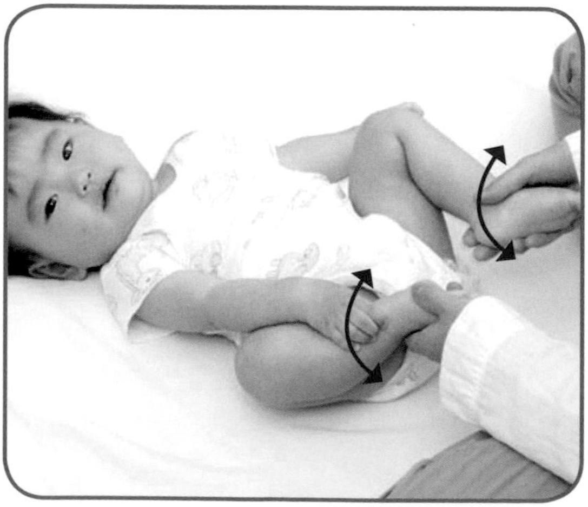

1 拔了一條白蘿蔔♪

握住寶寶兩邊腳踝，上下搖晃

媽媽用左右兩手分別握住寶寶兩邊腳踝，上下輕輕搖動雙手，活動孩子的股關節。若為1歲以下的嬰兒的話，不需要刻意拉直雙腿，請維持自然的姿勢，上下讓孩子的雙腿舉起、放下。

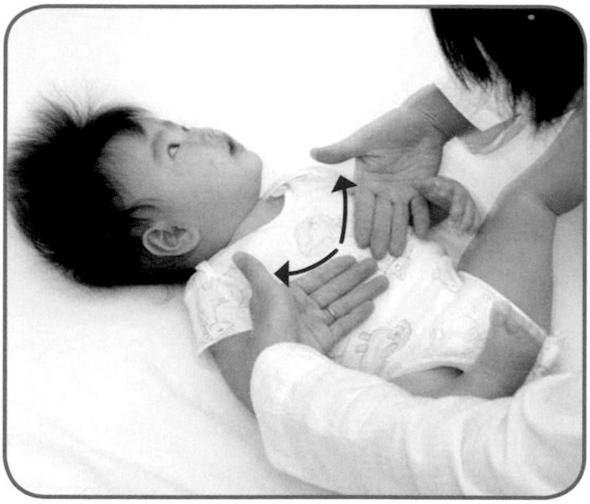

2 啪啪啪啪 刷掉土♪

手心上下翻 輕拍孩子身體

將手心朝向自己的方向，用四隻手指指根的部位輕輕碰觸孩子的胸口。唱到「啪」時，手向外張開，從內側到外側輕拍孩子的身體。唱到下一個「啪」時翻轉雙手，手心朝下向內收回，由外側到內側輕拍孩子的身體。重複相同的動作，從胸口到肚子慢慢往下輕拍。

3 刷刷刷刷 洗乾淨♪

雙手握空拳 畫圈輕擦寶寶全身

兩手輕握空拳，用拳頭從寶寶的腳尖、膝蓋、大腿、肚子到胸口畫出螺旋線輕輕摩擦。按摩腿部時，雙手請沿著外側轉圈圈。

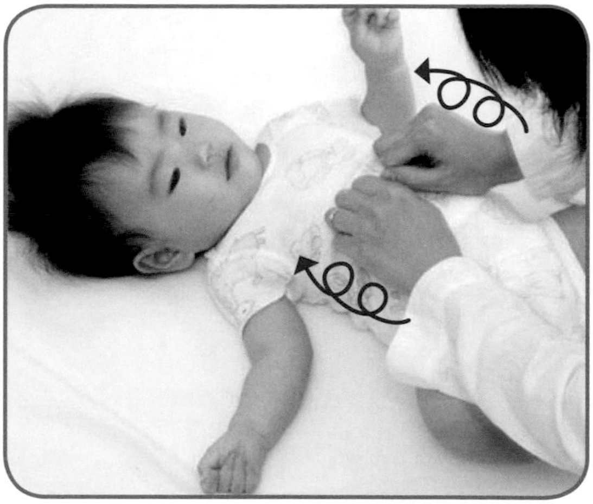

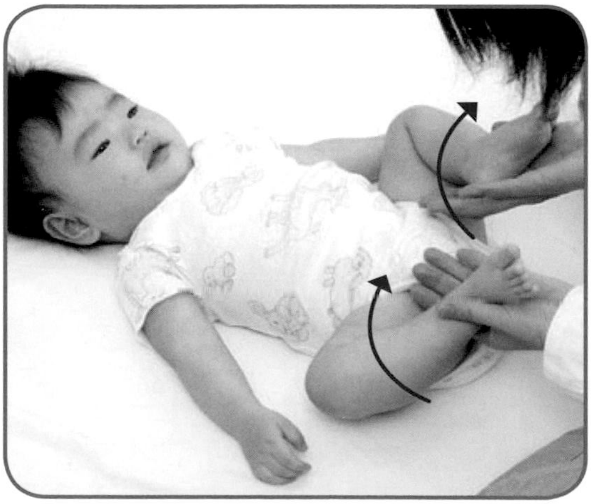

4 刷刷刷刷 瀝乾水♪

握住兩邊腳踝 只抬高雙腳

將寶寶的兩邊腳踝放在兩手手心上抬起來，讓寶寶抬起雙腳。1歲以下的嬰兒只要讓腿稍微浮在空中就好。1歲以上的幼兒，因為身體漸漸發育出肌肉，所以將孩子雙腿抬高再放開，孩子也會很開心。

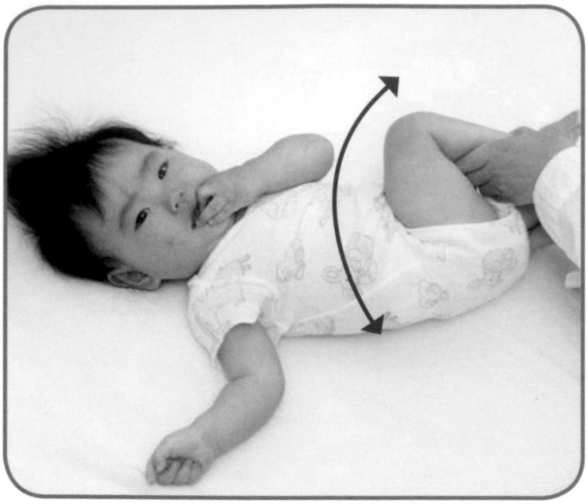

5 放到砧板上呀～滾呀滾！♪

股關節與膝蓋彎曲左右翻轉

握住寶寶的腳踝，保持股關節與膝蓋彎曲。將兩邊腳踝拉往身體右側的地板方向，讓寶寶的雙腿向右邊倒下，直到膝蓋接近地板。接著左邊也用同樣的方式翻轉。翻轉時注意左右兩邊膝蓋不要夾緊，中間一定要保持一個拳頭寬的空隙。

6 刷刷刷刷撒點鹽♪

以指尖輕捏全身刺激肌膚

豎起指尖，以十隻手指輕捏寶寶的身體，稍作停頓後快速放開。輕捏寶寶的胸口、肚子與大腿等全身部位，刺激肌膚。

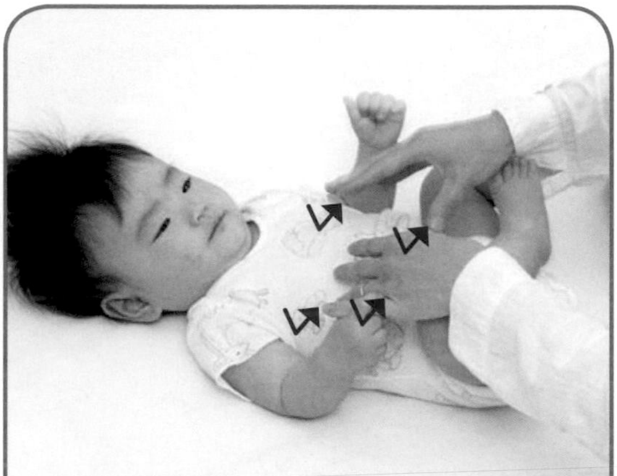

輕輕捏然後彈開

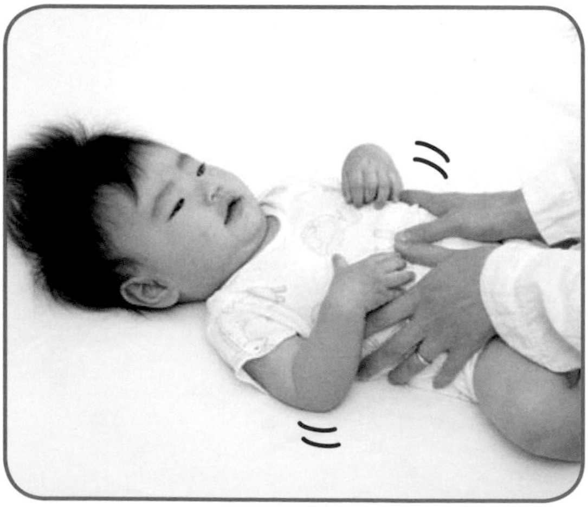

7 咻咻咻咻醃啊醃♪

運用五隻手指輕搔寶寶全身

手心貼在寶寶身上，用五隻手指輕輕揉搔寶寶全身。撫觸到寶寶覺得癢而開心的部位時，請集中多揉幾次，結束後先讓寶寶休息一下，接著繼續輕搔剛剛的部位，寶寶會很開心。

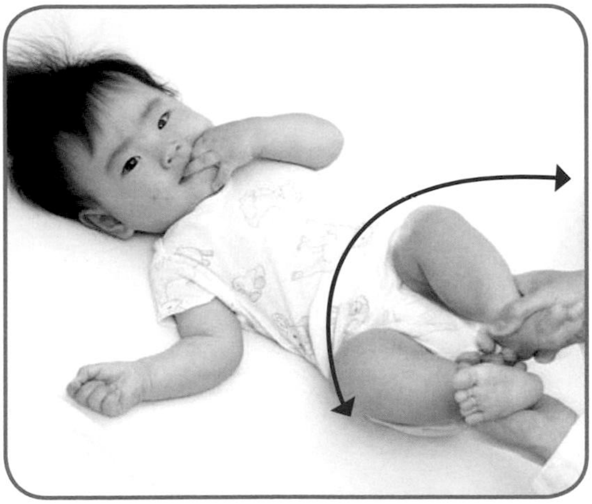

8 滾滾滾滾 醃啊醃♪

左右翻轉雙腿 重複步驟 5 的動作

重複步驟5的動作，保持股關節與膝蓋彎曲，左右翻轉雙腿，讓寶寶的膝蓋接近地板。媽媽須注意雙手要確實握住寶寶的腳踝，而不是腳尖。

9 放進桶子 咻咻咻♪

讓寶寶大腿貼肚子 看著寶寶的臉

寶寶的股關節與膝蓋保持彎曲，輕輕將寶寶的大腿靠在肚子上，同時把臉湊近寶寶，盯著寶寶的眼睛看。若寶寶是1歲以上的幼兒，媽媽可以在唱歌時將「咻咻咻」的尾音拉長，一邊慢慢彎曲股關節，一邊把臉湊近看寶寶。

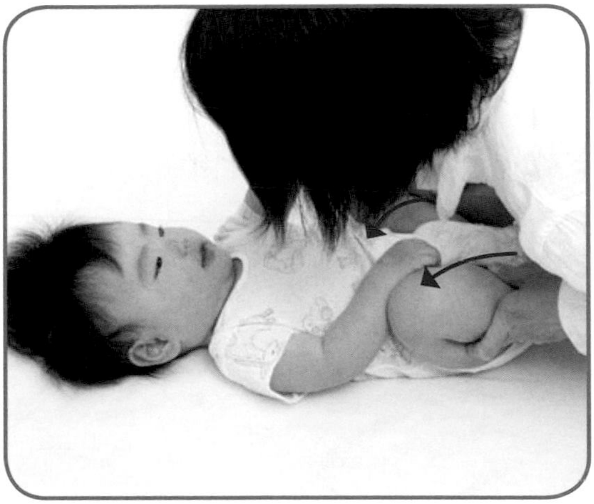

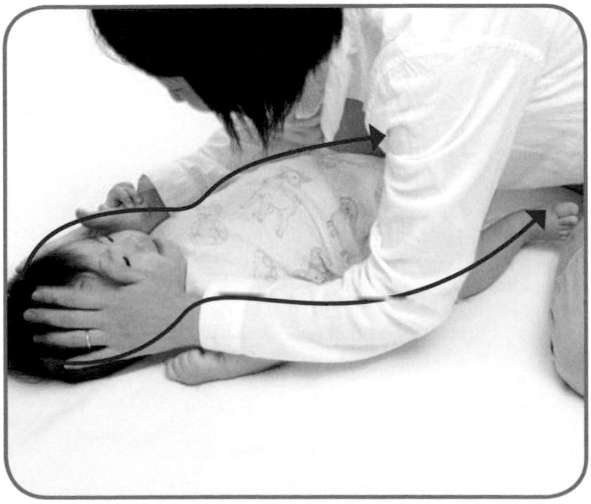

10 醃了一條 白蘿蔔♪

沖刷頭部到腳尖 最後來試吃吧！

從頭部往下輕撫寶寶的身體直到腳尖，調整全身的氣血。結束後對寶寶說「做得好吃嗎？我要開動囉！」接著，用手輕捏寶寶的身體，做出咀嚼的動作，假裝在吃醃好的蘿蔔。或是說「這裡好像還醃得不夠入味喔！」再多按摩幾次寶寶喜歡的部位。

上半身按摩

啦啦啦抹布

0個月～

這首歌的按摩法以上半身的肚子、手臂等部位為中心。
曲子本身很短，但歌詞有四個回合，須注意部分歌詞的動作有差異。

啦啦啦抹布

美國民謠

啦 啦 啦 抹 布 啦 啦 啦 抹 布 啦 啦 啦 一 起 來 縫
一 條 抹 布 吧 縫 呀 縫 呀 縫 呀 縫 呀 縫 呀 縫 呀 縫 呀 縫 呀 啦 啦 啦 啦 啦
啦 嘿！

※ 可以上YouTube網站搜尋「大樹林出版社　寶寶按摩聖經」跟著音樂邊唱邊按摩喔！

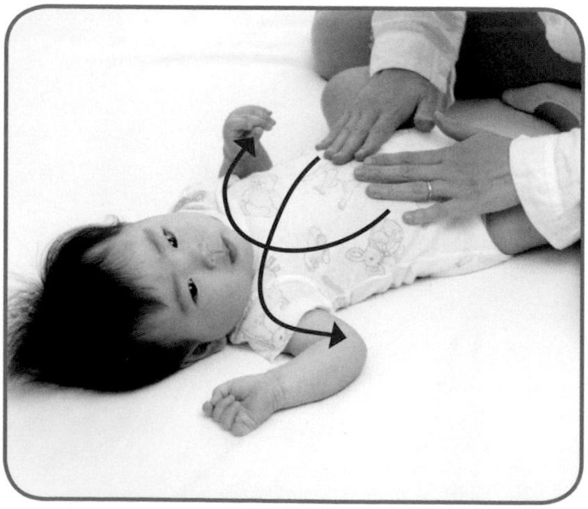

1 啦啦啦抹布 啦啦啦抹布♪

用手掌心從肚子開始向肩膀、手臂輕擦

將兩手整個手心貼在寶寶肚子上，唱第一句「啦啦啦抹布」時，其中一隻手向上滑，經過肩膀，輕輕摩擦到手臂。到下一句「啦啦啦抹布」時，另一隻手同樣輕擦2到另一邊的肩膀與手臂。

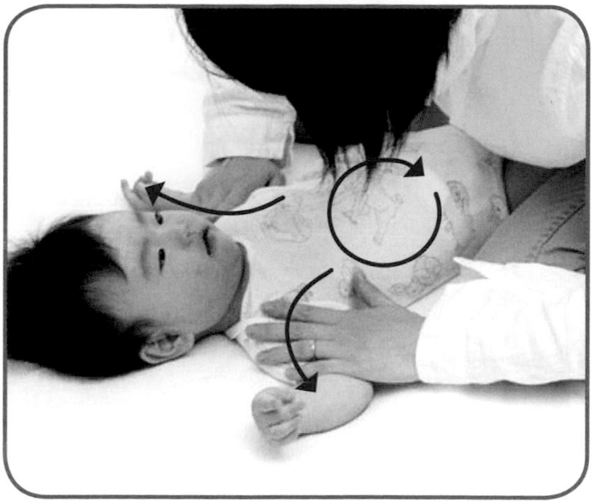

2 啦啦啦
一起來縫
一條抹布吧♪

在肚子上畫圈圈
輕撫胸口、肩膀及手臂

兩隻手手心都貼在寶寶的肚子上，其中一隻手以順時針方向繞著肚臍輕輕撫摸肚子。接著兩隻手同時輕擦寶寶的胸口、肩膀、手臂與手掌。

3 縫呀縫呀縫呀縫呀
縫呀縫呀縫呀縫呀
啦啦啦啦啦嘿！♪

以食指輕輕戳
寶寶的全身

伸出雙手食指，配合「縫呀縫呀」的節奏輕戳寶寶的全身，刺激肌膚。當寶寶覺得癢而開心時，請再戳久一點。此外也可以輕碰寶寶的臉頰，給予刺激。

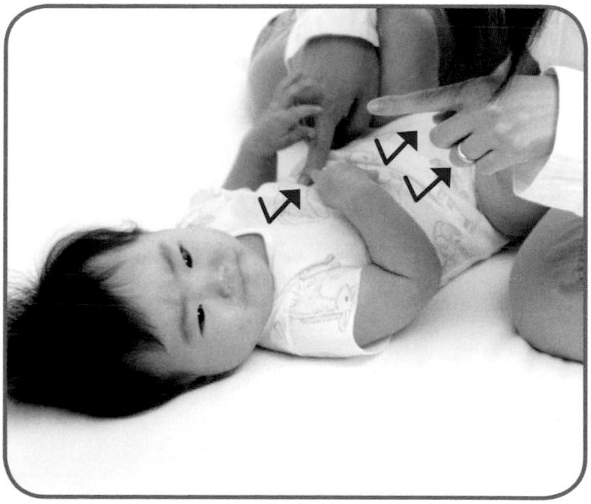

唱第二、三、四次的歌詞時，可以改變步驟 3 的動作。

一起來洗一條抹布吧
洗呀洗呀洗呀洗呀 ×2

雙手輕輕握拳，從寶寶腳尖開始輕畫螺旋，一路摩擦到膝蓋、大腿、肚子、胸口。

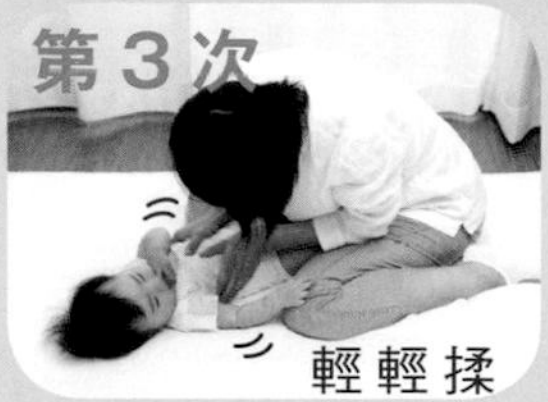

一起來擠一條抹布吧
擠呀擠呀擠呀擠呀 ×2

手心貼在寶寶身上，活動五隻手指，輕搔寶寶全身。輕揉腋下、肚子等部位。

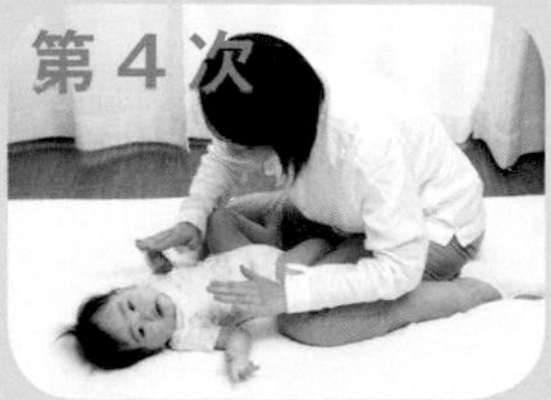

一起來晾一條抹布吧
晾呀晾呀晾呀晾呀 ×2

模仿燙衣服時抹平衣物的動作，用整個手心從寶寶身體中心向外輕擦。

胸部按摩

拳頭山上的狸貓先生

0個月～

這個按摩法藉由輕撫胸部與手腕，能強化孩子的呼吸系統。
最後的動作很可愛，寶寶也會很開心。只重複最後一個動作也OK！

拳頭山上的狸貓先生

日本童謠

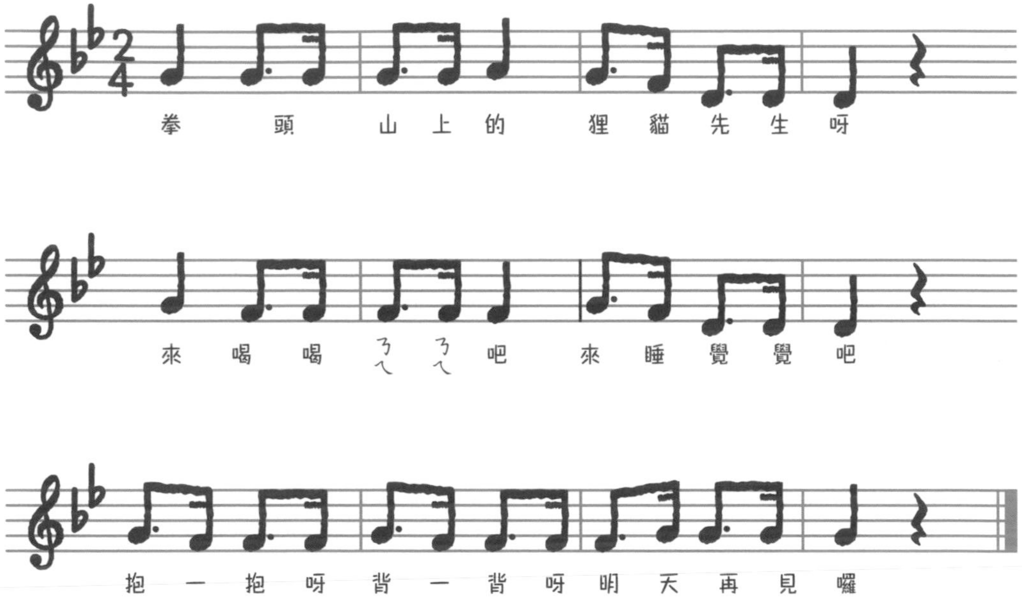
拳 頭 山 上 的 狸 貓 先 生 呀
來 喝 喝 ㄋㄟ ㄋㄟ 吧 來 睡 覺 覺 吧
抱 一 抱 呀 背 一 背 呀 明 天 再 見 囉

※可以上YouTube網站搜尋「大樹林出版社　寶寶按摩聖經」跟著音樂邊唱邊按摩喔！

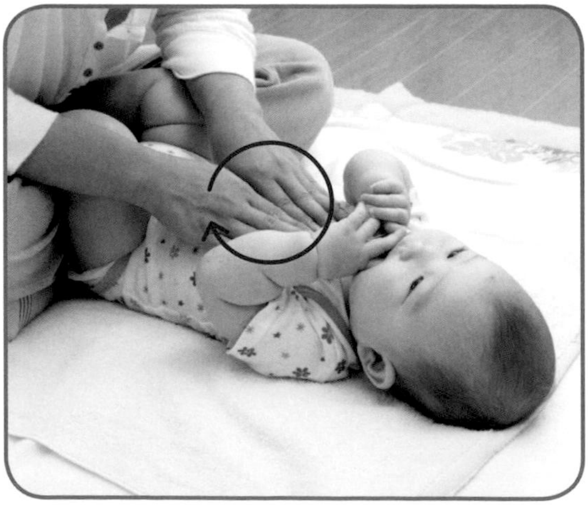

1 **拳頭山上的狸貓先生呀**
來喝喝ㄋㄟ ㄋㄟ吧
來睡覺覺吧♪

用兩手從寶寶的胸口開始向手臂內側輕輕摩擦

將兩手手掌貼在寶寶胸口上，兩手同時在胸口畫圈。接著以雙手手心輕輕摩擦寶寶兩手的手臂內側（膚色較白的部位），直到寶寶手掌為止。

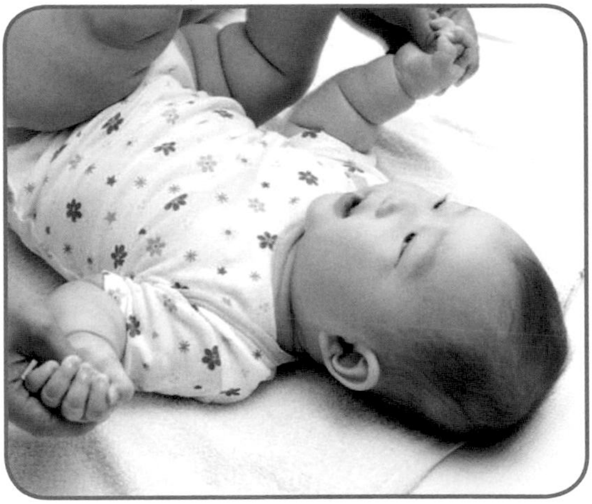

2 抱一抱呀 背一背呀♪

握住寶寶雙手 撫摸手心

握住寶寶左右兩隻手，唱到「抱一抱呀」的時候，用拇指輕輕在寶寶手心繞圈。唱到「背一背呀」時再一次用拇指在寶寶手心畫圈。

3 明天再見囉♪

拉起寶寶的手 輕輕放在頭上

繼續握著寶寶的雙手，拉著手臂繞一個大圈後，輕輕將手放到頭頂上。最後看著寶寶的臉，對他微笑。

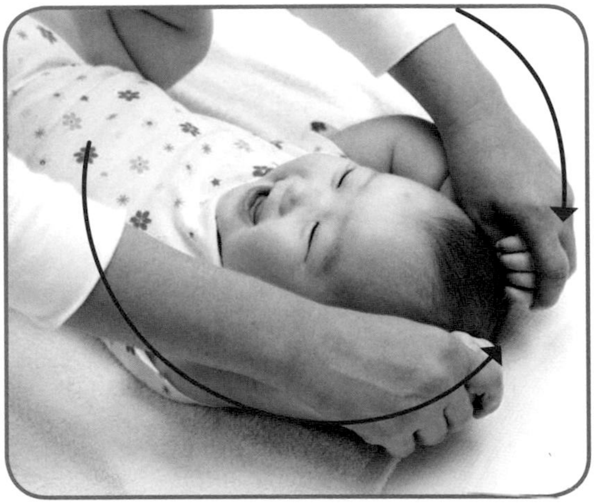

讓按摩更開心的可愛小撇步

握住寶寶小手時 趁機按摩手心

媽媽在握住寶寶的手時，可以將自己的拇指伸進寶寶的手心，寶寶會自然回握住媽媽的手指。用手心輕輕包住寶寶的手，拇指在寶寶手心畫圓，按摩刺激肌膚。

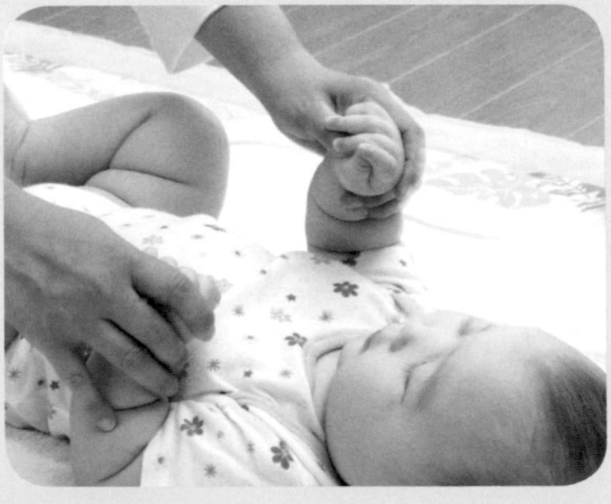

肚子按摩

搖搖船

0個月～

這個按摩法能集中按摩腹部。歌曲本身輕柔緩慢，建議可以模仿坐船的感覺一邊輕搖身體一邊按摩。（此首兒歌為著名英文歌「Row, Row, Row Your Boat」，又稱划船歌）

搖搖船

志摩桂（譯詞）外國曲

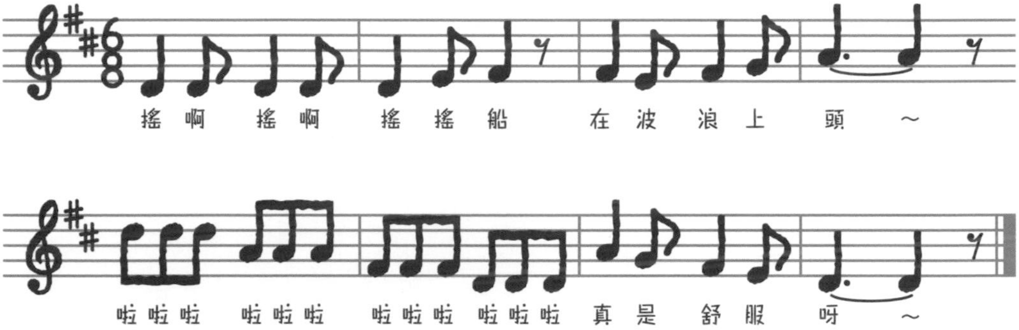

搖 啊 搖 啊 搖 搖 船 在 波 浪 上 頭 ～
啦啦啦 啦啦啦 啦啦啦 啦啦啦 真 是 舒 服 呀 ～

※可以上YouTube網站搜尋「大樹林出版社　寶寶按摩聖經」跟著音樂邊唱邊按摩喔！

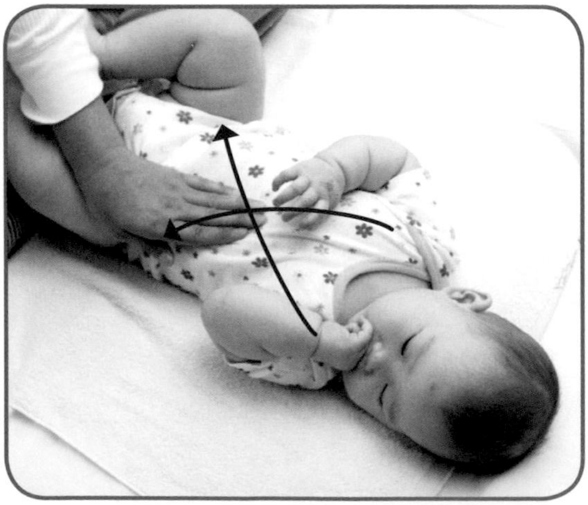

1 **搖啊搖啊 搖搖船♪**

用手掌從肩膀交叉輕擦到肚子

唱到「搖啊搖啊」時，一隻手手心從寶寶的肩膀向著肚子斜向輕輕摩擦。唱到「搖搖船」時，同樣用另一隻手從另一邊肩膀斜向輕擦到肚子。

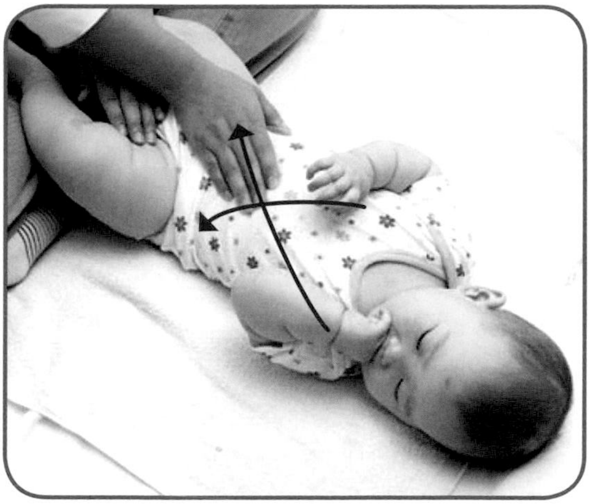

2 在波浪上頭♪

再重複一次
步驟1 的動作

重複步驟 1 的動作。進行步驟 1 與步驟 2 時，請注意兩手都不要離開寶寶的身體。一隻手從寶寶的肩膀滑動到肚子時，另一隻手請扶在寶寶的身體上。

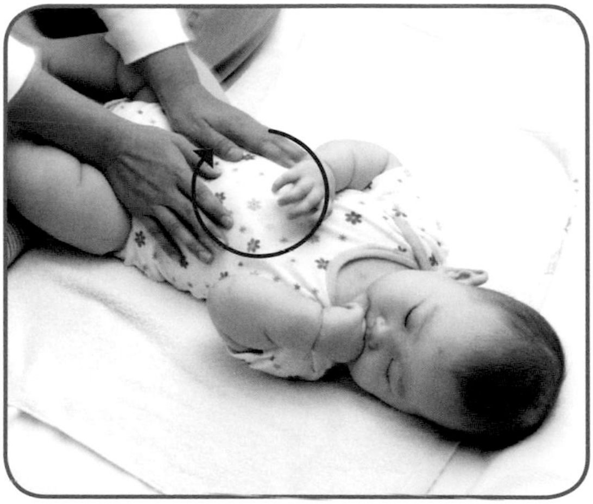

3 啦啦啦啦啦啦啦啦啦啦啦 真是舒服呀♪

在寶寶的肚子上
順時鐘方向畫圈

一隻手手掌放在寶寶的肚子上，繞著肚臍順時鐘方向畫圈。接著另一隻手也以同樣的方法畫圈，像是兩隻手在彼此追逐的感覺。

讓按摩更開心的可愛小撇步

像是坐在船上一樣
左右輕搖身體

在步驟**1**、步驟**2**一邊按摩一邊唱歌的媽媽可以像在坐船一樣，左右搖擺身體，創造出臨場感。配合手掌從寶寶肩膀斜向移動到肚子的節奏，會更容易抓到節拍。

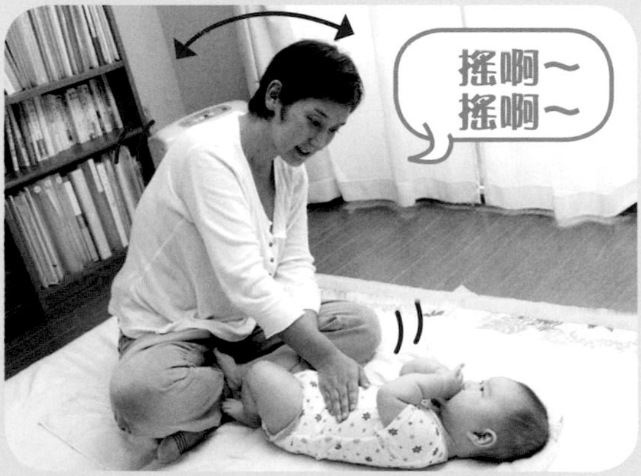

腿部按摩

大象

1個月~

藉由按摩整個腿部，促進血液循環。
歌詞十分簡單好記，熟悉之後可以自創歌詞，享受不同的樂趣。

大象

作詞　まどみちお　作曲　團伊玖磨

大 ～ 象 大 ～ 象 你 的 鼻子 為什麼那麼長
媽 媽 說 鼻 子 長 才 是 漂 亮

※可以上YouTube網站搜尋「大樹林出版社　寶寶按摩聖經」跟著音樂邊唱邊按摩喔！

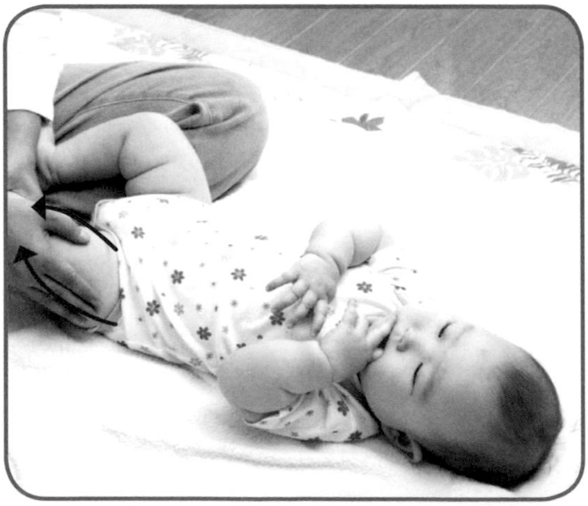

1 大～象大～象 你的鼻子為什麼那麼長♪

先外側，後內側 從左大腿輕撫向腳尖

唱到「大～」時，用整個手掌從寶寶左大腿順著外側輕撫到腳尖。唱接下來「象」時，以相同的方法輕撫左腿內側。唱「你的」、「鼻子」、「為什麼」、「那麼長」時再度重複以上的動作。

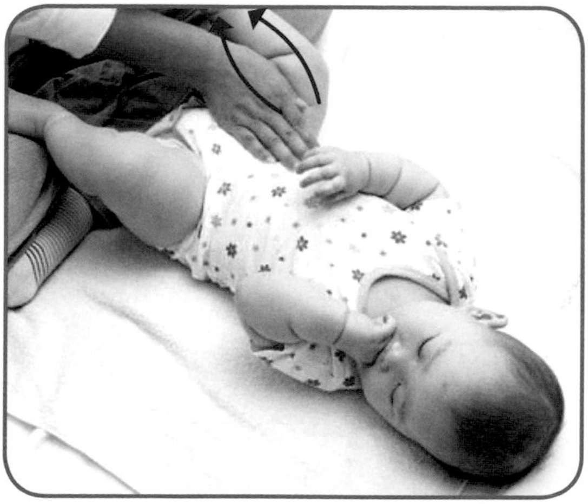

2 媽媽說鼻子長 才是漂亮♪

換到右腿 重複一樣的動作

接著換到右腿，唱「媽媽」時輕撫右腿外側，「說」時輕撫內側。「鼻子」、「長」、「才是」、「漂亮」再度重複以上的動作。

3 唱完之後

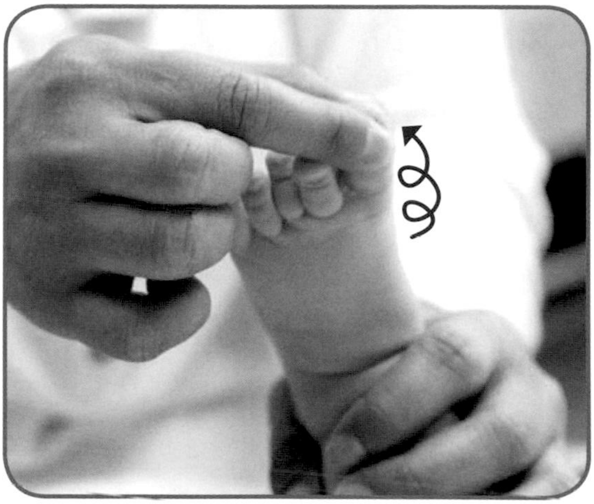

最後畫圈 按摩寶寶的腳趾

唱完歌後對寶寶說「唱完囉～」並從腳拇趾開始按摩到小趾。首先用拇指和食指捏住寶寶的腳拇趾兩邊，從趾根開始轉圈圈，最後稍微停頓一下，再輕輕彈開，然後按摩下一隻腳趾。

讓按摩更開心的可愛小撇步

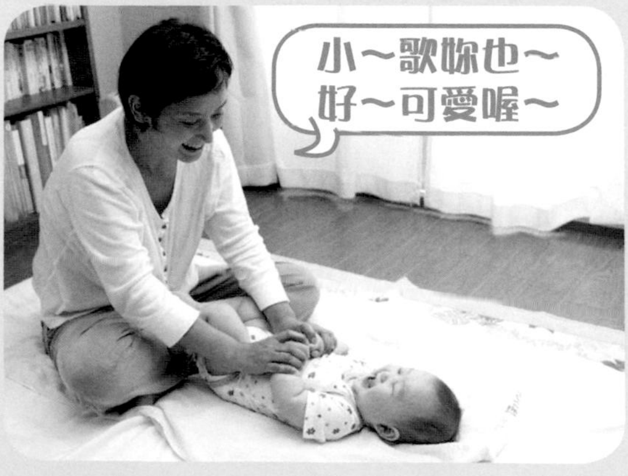

替換歌詞很簡單 試著唱出寶寶的名字吧！

「大象」是非常簡單的兒歌，唱時可以增添一些變化，例如將「大～象」替換成孩子的名字，「鼻子」、「那麼長」替換成孩子的特徵，一首歌就有好多種玩法！

Column

除了媽媽，爸爸也要經常主動摸摸孩子

爸爸是否都把和孩子親密接觸的責任交給媽媽呢？
然而，和爸爸的接觸，也是孩子成長過程中不可或缺的重要環節哦！

和爸爸的親密接觸是培養孩子社會性的第一步

受到成人男性與女性撫觸時，肌膚的觸感與觸摸時的感受完全不同。孩子也能夠清楚感受到強烈的差異，因此，與爸爸親密接觸能夠帶來和媽媽不同的效果。

與媽媽親密接觸，基本上具有穩定情緒的效果。另一方面，與爸爸的親密接觸，能夠引導孩子注意到母子之外的廣大世界，具有發展社會性的效果。從接觸的方式來看，媽媽多是在照顧寶寶時順便撫觸，而爸爸幾乎都是透過遊戲等方式交流。按照既定的規則玩遊戲，能夠培育孩子的社會性與協調性。育兒工作需要爸爸和媽媽協力合作，才能幫助孩子均衡發展。

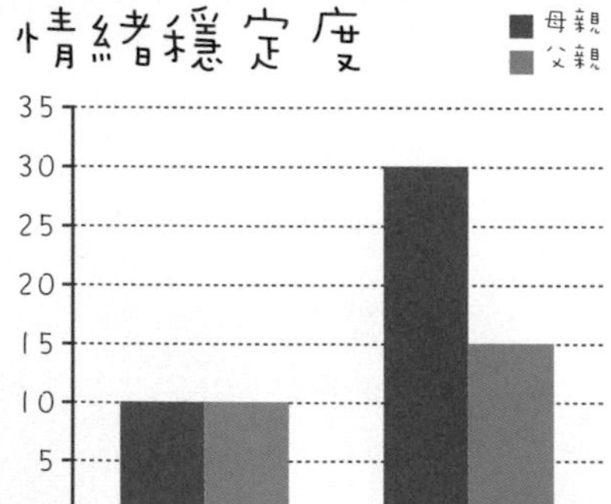

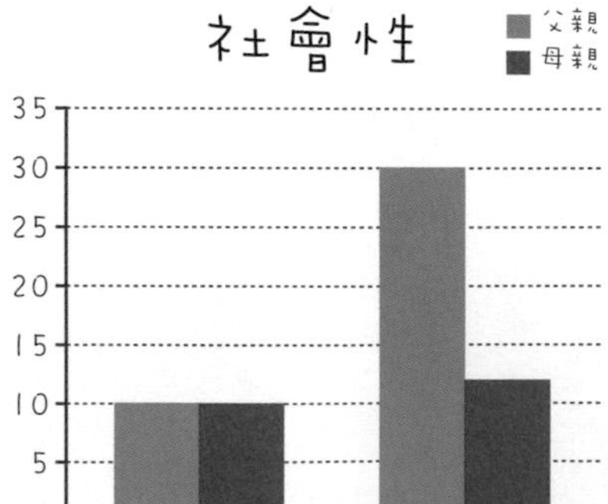

調查發現，幼稚園的3、4歲園童中，與母親親密接觸多的孩子，情緒較穩定。與父親親密接觸多的孩子，社會性較高。

PART
5

配合孩子的成長
改變照顧方式

和孩子互相撫觸是相當重要的功課，
不過，孩子長大後，
就應該改變嬰兒時期極度親密的互動方式。
請配合孩子的成長與發育進度，
選擇合適的親子接觸方式。

配合孩子的成長階段 調整接觸方式

親子間的互相接觸，不但能促進身體發育，與心理、知覺方面的成長也有很深的關聯。配合發育階段選擇適當的接觸方式，能夠幫助孩子健康成長。

仔細觀察孩子的狀態 細心照顧、體貼他

照顧孩子的方式會隨著成長情形而改變，同樣地，**和孩子互相碰觸的方式也會隨著時期而有所不同**。特別是碰觸不但與身體成長有關，也和心理、感受的成長有非常密切的關係。因此，媽媽必須常常觀察孩子的狀態，細心照顧。

對出生不久的新生兒來說，身體接觸的大部分需求可以藉由「抱抱」來滿足。若想要在家中開始幫寶寶進行正式的按摩，請等滿月健康檢查做完後，再開始撫觸寶寶手腳等身體末梢部位，培養孩子的身體知覺。在寶寶會站之前，都不用擔心親子撫觸會過多。請充分滿足寶寶撒嬌的需求。

孩子抗拒時 硬逼他會產生反效果

孩子學會走路後，一刻都靜不下來，因此有的孩子會開始抗拒按摩。特別是2歲左右的抗拒期，可能會常常反抗爸媽。這時請不要強迫孩子接受按摩，否則可能會造成反效果。**隨著孩子年齡增長，請在按摩過程中加入遊戲元素較多的互動方式**，用心設計讓親子都能開心的親密接觸。

極度親密的互動方式並不適用於所有年齡層。請記得配合孩子的成長，慢慢調整親密接觸的方式。

不同月齡、年齡　孩子的接觸方式

孩子漸漸長大，親子接觸的方式也會慢慢產生變化。
請時常觀察孩子，選擇適合的相處方式。

年齡	撫觸方式
睡眠期（1～3個月）	新生兒的身體就像水球一樣軟，皮膚也非常薄嫩。撫觸寶寶時，請用手掌心貼在寶寶身體上，再輕輕抱起來。這個階段的寶寶觸覺很敏感，請多換幾個不同的撫觸方式哄寶寶，陪他玩遊戲。
抬頭期（3～5個月）	寶寶逐漸長出肌肉，身體也變得比較結實。抬頭期和睡眠期一樣，抱抱和撫觸時的力道都要很輕柔，遊戲時可以增加幾種不同的方式，例如搔癢等。這個時期的寶寶開始會區分爸爸和媽媽，因此請重視寶寶和爸爸接觸的時間。
學坐期（5～9個月）	到了這個時期，寶寶的視野變得寬闊，眼睛能夠像大人一樣看東西。除了躺臥姿勢之外，也可以開始試著讓寶寶坐起來按摩。由於學坐期也是開始吃副食品的時期，按摩時請以肚子為中心，幫助寶寶確實攝取營養。
學站期（9個月～1歲）	寶寶會因為能站起來而感到開心，若是強迫他躺下來按摩，寶寶可能會抗拒。這時請讓他保持站立的姿勢，快速按摩背部、肚子與雙腿等部位。一邊玩遊戲一邊增加親密接觸的機會，按摩起來也會更開心。
學步期（1～2歲）	增加能夠刺激腳底觸覺與平衡感的按摩，能夠幫助寶寶走得更好。寶寶學走路時，讓他一邊扶著爸爸或媽媽的身體一邊走，可以防止在階梯或坡道絆倒。誇獎或責罵寶寶時，也請不要忘了適當的身體接觸。
2歲～	2歲以後，透過遊戲以及誇獎、責罰時進行的碰觸會越來越重要。這些接觸都是培育孩子情緒發展的關鍵。這個時期的孩子會進入抗拒期，請不要勉強他。多以輕柔的方式撫觸孩子，請給予孩子無論何時都能包容他的安心感。
6歲～	6歲以後，以遊戲方式進行的親密接觸和責罰時的碰觸依然很重要。當孩子在學校因故而感到不安、沮喪或無精打采時，請多擁抱他，替他補充元氣。想問出孩子的心事時，親密接觸也是相當有效的方法。

準備當媽媽的懷孕期，也是引導出準媽媽內心母性的重要時期。一邊想像肚子裡的寶寶，一邊輕柔撫觸他吧！

藉由輕撫肚子對腹中的寶寶產生母愛

懷孕中的準媽媽輕撫肚子，對寶寶說話時，體內會分泌出催產素。據說有助於緩解不安、憂鬱等症狀，媽媽對寶寶的親情也會更加深厚。加深寶寶好可愛的想法，孩子出生之後，媽媽會更覺得寶寶好可愛。

胎兒在懷孕滿17週時，全身開始能夠感受觸覺。輕撫肚子時，刺激會藉由羊水的振動傳達到胎兒身上。因此，孕婦摸摸肚子，胎動就會更頻繁。當胎動得厲害時，請和肚子裡的寶寶玩踢踢小遊戲，和可愛的小寶貝親密互動吧！

基礎按摩法是以雙手輕觸

邊想像著肚裡的寶寶，邊輕輕撫摸

懷孕期及產後是最適合引出母性的時期。特別是懷孕期，因為看不到肚中的寶寶，因此請多多撫觸肚子，感受胎兒的狀態，運用想像力，做好當媽媽的準備。試著想像「現在寶寶在做什麼呢」、「這裡是寶寶的頭吧」，多關心肚裡的胎兒，是準媽媽重要的功課之一。

矯正胎位不正

按摩

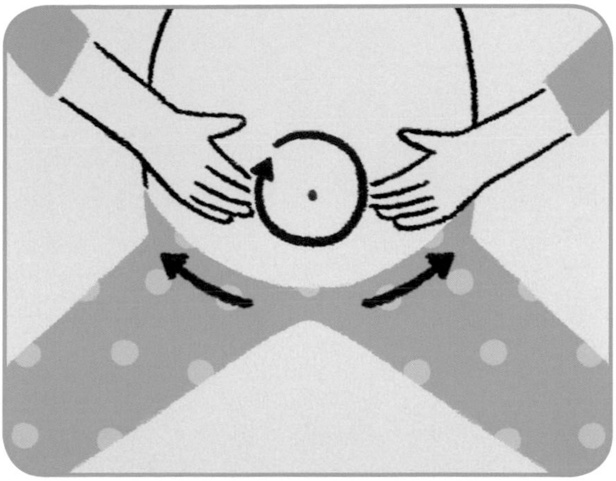

輕輕畫圈，溫暖肚子
放鬆緊張的肌肉

要讓胎位不正的胎兒轉回來，媽媽的肚子必須更放鬆。請用手心繞著肚臍順時針輕輕撫摸肚子，緩解肌肉的緊繃。此外，還可以按摩鼠蹊部（腿根），促進淋巴循環，解決體寒問題，進而緩解肌肉緊繃。

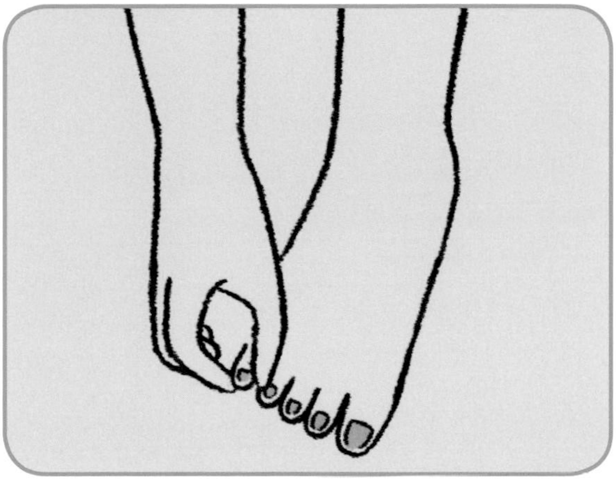

按摩小趾旁邊
矯正胎位的穴道

腳的小趾外側靠近指甲根部有一個至陰穴，是有矯正胎位不正功效的穴道。請用拇指和食指輕輕夾住小趾頭拉著捲圈，轉時須特別注意至陰穴。最後再輕輕拉彈放開，並以同樣的方法按摩另一隻腳的小趾。

踢踢小遊戲

遊戲

寶寶踢肚子時
請輕拍肚子，發出咚咚聲當暗號

藉由這個遊戲，能夠與尚未見面的胎兒享受互動的樂趣，加深母子之間的親情。當寶寶從肚子裡踢媽媽時，請輕拍剛才被踢過的部位，回應寶寶。過一陣子，寶寶會再次踢回來。

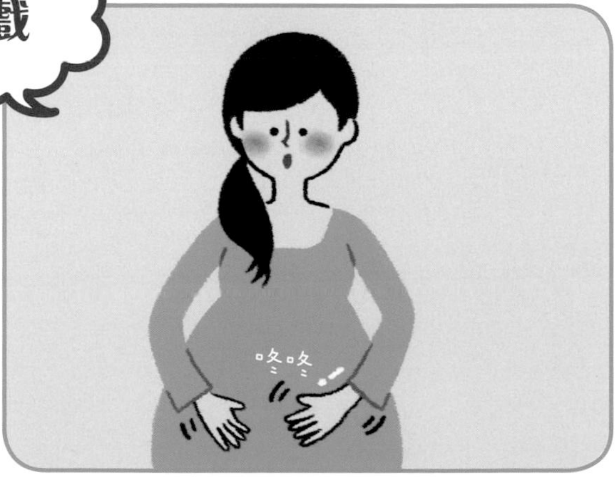

寶寶出生後，觸覺會比出生前更加發達。爸媽請多與寶寶親密接觸，傳達親子間的情感。

經常互相碰觸 讓親子間情感更濃厚

寶寶終於出生來到新世界後，五感中以觸覺最為發達。媽媽請盡量在寶寶出生後24小時內親自撫觸他。藉由充分的親密接觸，寶寶便能以全身感覺到媽媽的母愛，具有促進成長、加深親子感情的效果。

像袋鼠媽媽一樣將剛出生的寶寶抱在胸前，分享自己的體溫，也能夠加深親子間的溫情。

爸爸和寶寶的親密接觸也和媽媽一樣重要。在新生兒時期多多接觸寶寶，爸爸心中的父愛也會跟著萌芽。

環抱寶寶

用能溫柔環抱全身的姿勢摸摸寶寶

用手臂環抱住寶寶全身，寶寶會感覺像是住在媽媽肚子裡一樣，非常安心舒適。請將寶寶的臉側放，靠在媽媽的胸口上。寶寶開始扭動身體時，請輕輕撫摸扭動的部位，回應寶寶小小的呼喚，進而培養出親子間的信賴。

邊睡覺邊畫圈圈

按摩

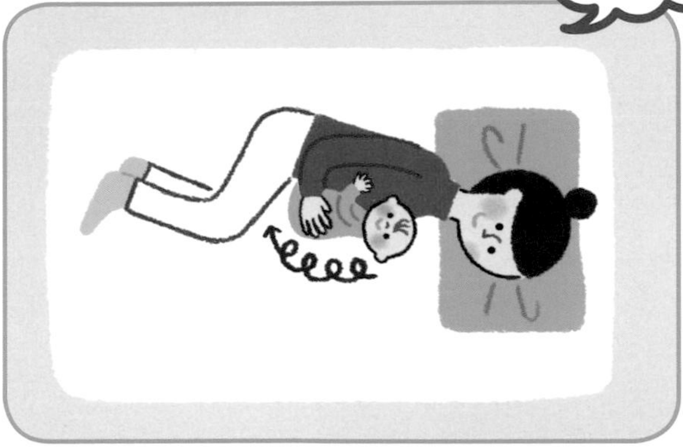

身體相貼
在背上輕輕畫圈圈

媽媽和寶寶面對面躺下，媽媽伸手摟住寶寶的背，由上到下從頭、背、腰的順序，畫圈輕撫寶寶的身體。按摩時讓寶寶的胸部、肚子、腿等身體部位貼在媽媽身上，寶寶會比較安穩。這個按摩方法很適合用來哄睡。

point

產後媽媽也可以用輕鬆的姿勢完成的簡單按摩

剛剛生產完的媽媽大半時間都會躺著休養，這個按摩方法十分輕鬆，不需要特地起身。寶寶和媽媽都可以用最舒服的姿勢放鬆身體。

碰碰臉，戳戳小肚肚

遊戲

用食指
輕撫寶寶的身體

這個遊戲能夠藉由觸摸促進寶寶的感覺發展。請用食指輕輕觸摸寶寶的臉頰或肚子等柔軟的部位。當寶寶仰躺時，請看著他的臉，盡量和寶寶四目相接。和寶寶的接觸越多，媽媽的母性也會更加提升。

point

利用替寶寶換衣服的時間多多親密接觸

新生兒多半的時間都在睡覺。媽媽只要在換尿布或換衣服時，利用時間積極撫觸寶寶就可以了，不需要為了親密接觸特地喚醒寶寶。

1~3個月

睡眠期

這是最適合開始按摩的時期。請選擇寶寶心情愉快的時間，多增加親子間撫觸的機會。

感覺

會開始舔自己的手，享受觸覺感受。視力也會漸漸清晰。

身體

體型逐漸變得圓滾滾，會不時活潑地揮動手腳。

心

會發出「啊」、「嗚」等聲音，有時也會露出笑容。

藉由按摩享受寶寶的各種反應

這個時期的寶寶，一天中大部分的時間都在睡覺。請選擇寶寶心情好的時間幫他按摩全身，或是在照顧寶寶時多多撫觸他。特別是用奶粉等人工營養品哺育寶寶時，請更積極多進行撫觸，同時欣賞寶寶受到碰觸時的微笑，或是發出哭聲以外的聲音等各種反應。

撫觸寶寶時，請用手心貼在寶寶身上慢慢移動，寶寶就會覺得很舒服。1~3個月大的嬰兒特別愛哭，新手媽媽應該大多都會感到困惑。寶寶哭個不停時，請用毯子包住寶寶的身體，或是使用奶嘴等，給予觸覺上的刺激。

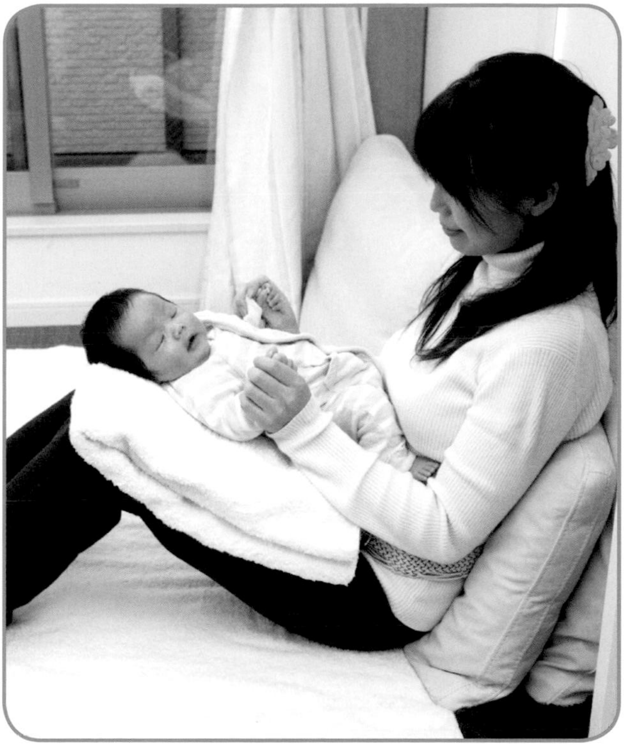

按摩

把寶寶放在腿上捏捏小手小腳

藉由撫觸手腳促進感覺的發育

媽媽靠牆屈膝坐著，將寶寶放在大腿上。小心握住寶寶手指與腳趾。當寶寶被碰觸手腳時，會漸漸了解哪些部分是屬於自己的身體。建議在寶寶身體下墊一塊毛巾，按摩時會更方便。

point

也可以在陽台、窗邊等地點邊呼吸戶外空氣邊按摩

接觸外界的新鮮空氣不但可以轉換心情，對寶寶的身體也有重要的正面功效。媽媽可以在陽台、窗邊等地點讓寶寶感受微風，聽著鳥兒輕唱，一邊刺激寶寶的五感，一邊按摩。不過須注意避免陽光直射到寶寶，也別忘了做好紫外線防護。

睡眠期的各種問題Q&A

Q 寶寶的痱子和尿布疹很嚴重，這樣可以按摩嗎？

A 肌膚乾燥時可以按摩，但若患部發熱泛濕的話，請不要按摩，也不要碰觸嚴重泛紅的部位。按摩患部周圍可以加速疹子痊癒。

Q 寶寶頭頂好軟，這是正常的嗎？

A 嬰兒的頭蓋骨還沒有發育完全，頭部有一處骨頭和骨頭之間的縫隙，稱為前囟門。前囟門摸起來非常柔軟，請不要用力按壓。約到1歲～1歲半便會閉合。

在睡夢中踢踢腿

遊戲

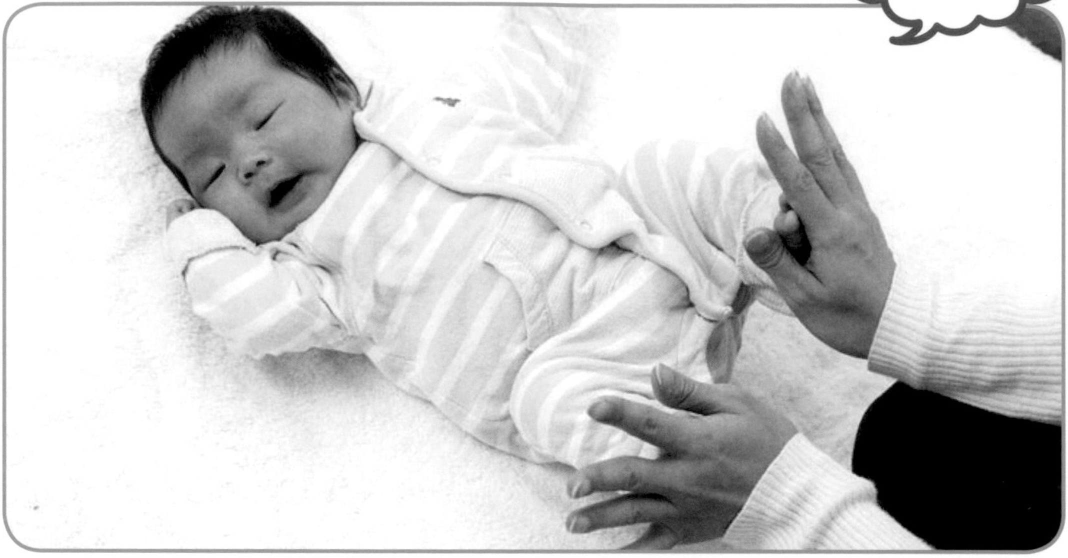

邊做伸縮運動
邊享受被撫觸的感覺

1～3個月大的寶寶，雙腿經常會像踩腳踏車一樣踢動。媽媽可以配合寶寶踢腿的動作，用手輕輕擋住寶寶的腳底，踢腿時，就輕輕按回去。就像懷孕期玩踢踢小遊戲（P89）時一樣，陪寶寶遊戲，重溫過去的體驗。

寶寶是用腳來找尋媽媽的位置？

point

這個時期的寶寶特徵在於經常活動手腳。有的寶寶被哄時，會彎曲再伸直雙腿，表示開心。有時媽媽陪寶寶睡覺，寶寶也會用腳來找尋媽媽，似乎在確認媽媽在哪裡。當寶寶踢動雙腿時，請積極撫觸他，寶寶會慢慢理解被碰觸的部位就是自己身體的一部分。

成長概略指標

出現這些徵兆時 寶寶就快要會抬頭了！

寶寶仰躺時，會自己左右扭動脖子，或是能夠將頭固定朝正面時，就代表快要會抬頭了。到了這個階段，即使寶寶雙手向前伸，身體還是能保持穩定。

寶寶會漸漸能夠將頭朝向正面。

哄寶寶睡的按摩方法

撫觸

在寶寶耳邊呼吸 傳達安心感

請試著在吐出的氣剛好可以吹到寶寶耳畔的距離慢慢呼吸，「吸－吐－吸－吐」，寶寶會受到呼吸的影響，漸漸配合媽媽呼吸的節奏。這個方法可以促使寶寶回想起待在媽媽肚子裡的感覺，進而進入睡眠。

撫觸

寶寶哭不停時的處理方式

用背帶包住寶寶 輕輕拍撫背部和屁股

包覆全身的背帶能夠讓寶寶覺得好像回到媽媽的肚子裡，因而安心放鬆。沒有背帶時，可以用毯子或毛巾包住寶寶的身體，露出頭部，寶寶也會安靜下來。請在包覆的狀態下抱起寶寶，輕輕拍撫寶寶的背部或屁股。

point

正確使用背帶 與寶寶親密接觸

背帶可以讓媽媽和寶寶緊緊相貼，是想要和寶寶親密接觸時的好工具。不過背帶若沒有確實固定好，可能會造成危險，因此請先學會正確的使用方式。

3~5 個月

抬頭期

寶寶會開始慢慢理解身體感覺，例如依自己的想法活動雙手等。請仔細按摩寶寶全身每一處。

身體

脖子長硬之後，寶寶即使趴著也能夠抬起頭。身體的動作也變得更流暢。

心

開始出現喜怒哀樂等情緒，表情也變得豐富，會大聲哭鬧、明顯露出笑容等。

感覺

是雙手感覺發育的時期，寶寶開始會用雙手抓住或是舔東西。

仔細按摩寶寶的身體 培養身體的感覺

此時是寶寶開始會翻身，視野也變得更廣的時期。寶寶會常常吮自己的手指或腳趾，也漸漸了解身體的感覺。從這個時期開始按摩寶寶身體的每一處，能夠促進寶寶身體感覺的發育。身體感覺是形成自我的基礎，因此舒服的肌膚接觸對寶寶來說非常重要。這個時期的寶寶開始會分辨爸爸和媽媽，爸爸如果沒有確實和寶寶肌膚接觸的話，有可能會被寶寶討厭。

給寶寶搔癢，寶寶會漸漸了解這種感受，覺得癢癢的感覺是和媽媽正在建立信賴關係的證明。請多陪寶寶玩搔癢遊戲吧！

仔細按摩寶寶的指尖

按摩

1 摩擦寶寶的指縫

以食指指腹仔細摩擦寶寶從拇指到小指的指縫。寶寶若是握起拳頭，或是併攏手指，請輕輕拉開他的小手。

2 將寶寶拇指和其他手指相碰

請按照順序一一將寶寶的拇指和其他的四隻食指、中指、無名指與小指靠攏。讓手指的指腹彼此相貼。

point

**刺激手指的感覺
幫助寶寶做好拿東西的準備**

以上是可以幫助寶寶拿東西的按摩法。差不多從這個時期開始，寶寶會積極伸手想拿眼前的玩具，也會使用整個手心拿取物品。由於寶寶還無法靈巧地使用手指，請藉由按摩刺激平常較少碰觸的部位，促進身體感覺的發育。

抬頭期的各種問題Q&A

Q 寶寶就算趴著，頭也不會抬起來。是脖子還沒長硬嗎？

A 有很多寶寶都不太擅長趴姿，只憑這樣很難判斷。請利用其他狀態來確認，例如拉起仰躺的寶寶時，確認寶寶脖子會不會跟著起來（P99）。

Q 一到傍晚，寶寶就哭得厲害，很難停下來。

A 這個時期的寶寶特別容易發生，稱為「黃昏哭吵」、「傍晚哭鬧」。請幫寶寶調整生活作息，白天盡量活動，午覺過後到晚上就安靜休息。

輕柔按摩寶寶臉部

按摩

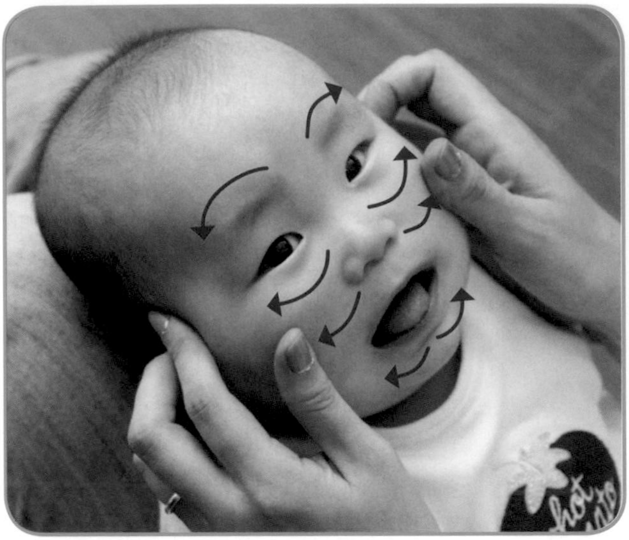

從臉部中央向外側輕柔撫觸

四隻手指靠在寶寶耳朵上，以拇指指腹輕柔撫觸寶寶的臉龐。以從臉部中央向外側輕撫為基礎，按照眉毛上方、眼睛下方、鼻翼旁邊、嘴巴下方的順序進行。

point

寶寶會坐前
請多做臉部按摩

有些寶寶在會坐之後會變得不喜歡別人觸摸臉部。請趁這個時期多摸摸寶寶的臉，藉此給予刺激。

練習翻身

按摩

握住寶寶的腿輕輕幫他翻身

當寶寶在仰躺時抬起腿，或是自己扭轉身體時，請抬起寶寶的腿輕柔地幫他翻身。

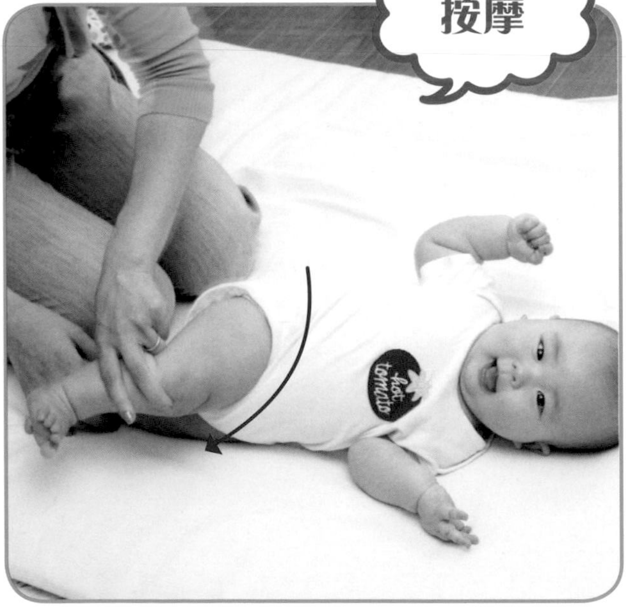

point

把玩具或是寶寶喜歡的東西放在他身邊，寶寶可能會因為想靠近而努力翻身。

趴在媽媽肚子上

撫觸

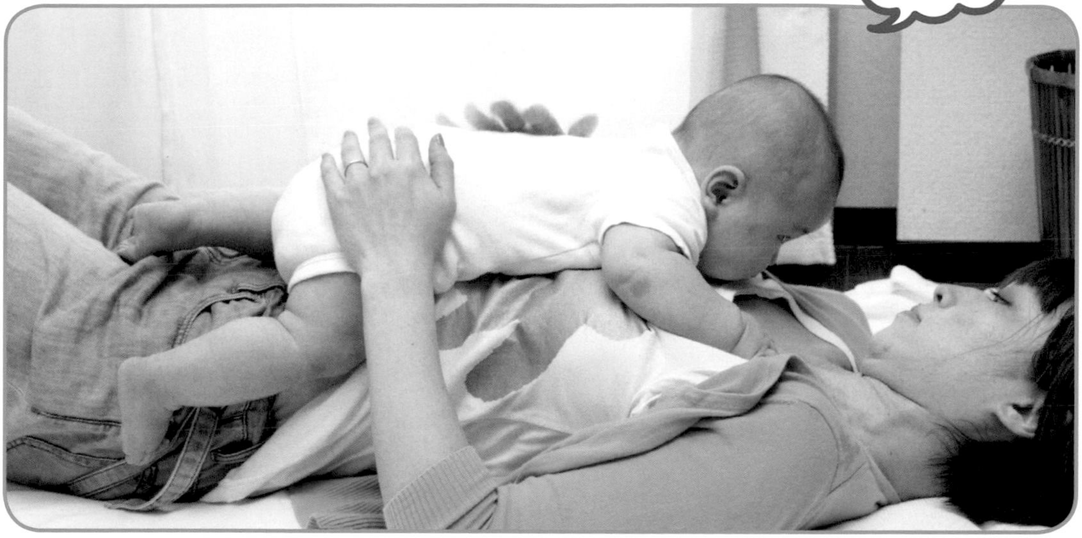

PART 5 配合孩子的成長改變照顧方式

寶寶會努力想看媽媽的臉 因而促進脖子發育

媽媽仰躺，讓寶寶趴在自己的肚子上。寶寶會因為想看媽媽的臉而努力抬起頭，能促進脖子的發育。

輕輕晃動身體 與寶寶互動

point

媽媽也可以單純仰躺著不動。不過如果能輕輕晃動身體，寶寶會更開心。

成長概略指標

寶寶會抬頭了嗎？確認看看吧！

讓寶寶仰躺，握住他的雙手輕輕將他拉起來。若寶寶的脖子沒有軟軟地垂下來，就表示脖子已經長硬，會抬頭了。趴著時，也能夠抬起頭，左右轉動脖子。

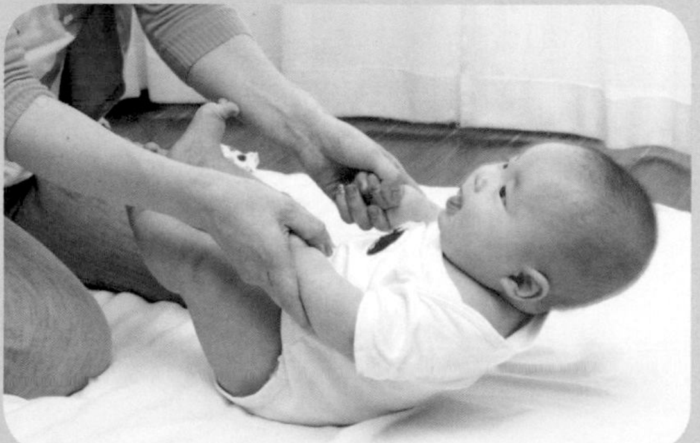

拉起脖子已經長硬的寶寶時，脖子不會軟軟地垂下來。

身體
翻身動作更熟練，手也變得更靈巧。開始會抓各種東西玩耍。
感覺
開始會怕生。聽到別人叫自己的名字時，會做出回頭等反應。
心
好奇心旺盛，開始有自我主張，例如事情不順心時會大哭吵鬧等等。

寶寶會坐之後，視野一下子開闊起來，好奇心也會變得旺盛。這個時期的寶寶會開始怕生，請藉由親密接觸讓寶寶安心。

怕生和黏著媽媽代表寶寶想撒嬌

此時的寶寶會開始怕生，例如被不認識的人抱，就會感到不安而哭鬧。這是由於母子之間的親情已經穩定，寶寶才會感到不安，因此不需要強迫這個時期的寶寶讓其他人抱。怕生的情形會自然而然改善，請等寶寶不再怕生後再讓他接觸其他人。同時，這個時期寶寶也會一直黏著媽媽，這種行為和怕生一樣，都是表示寶寶想要撒嬌。請經常和寶寶親密接觸，滿足他的需求。不撒嬌的孩子，將來會難以感受到自己的存在價值，常常會演變成容易感到不安的性格。

按摩

繞圈按摩腰部

自然緩解 寶寶不安的情緒

當寶寶特別怕生、愛黏著媽媽的時候，請抱起寶寶，在腰部周圍輕柔地畫圈撫摸。一邊溫柔地安撫寶寶「沒關係」、「放心」，一邊輕輕按摩。這樣一來，寶寶不安的情緒就會自然緩解。

point

寶寶會怕生，正是能夠區分媽媽與其他人的證據

怕生是由於寶寶能夠明確區分媽媽與其他人而產生的現象。寶寶有怕生的情形時，請媽媽確實與寶寶親密接觸，緩解寶寶不安的情緒。另外，不怕生並不代表寶寶發展遲緩，每個寶寶的個性都有差異，不用因此擔心。

學坐期的各種問題Q&A

Q 開始改成副食品了，但寶寶完全不肯吃，該怎麼辦？

A 寶寶若有從母乳或奶粉中攝取營養，就不須過於擔心。請不要一直盯著寶寶吃東西，和他一起開心享用美味的食物，讓寶寶看看媽媽大快朵頤的模樣。

Q 寶寶爬行時，手腳好像很冷。在室內時該不該幫他穿上襪子？

A 手腳具有散熱的功能，可以發散身體的熱度，在室內時建議讓寶寶赤腳。若是寶寶容易長凍瘡，或是外出時預防受傷，請幫他穿上襪子。

緩解長牙的不適感

按摩

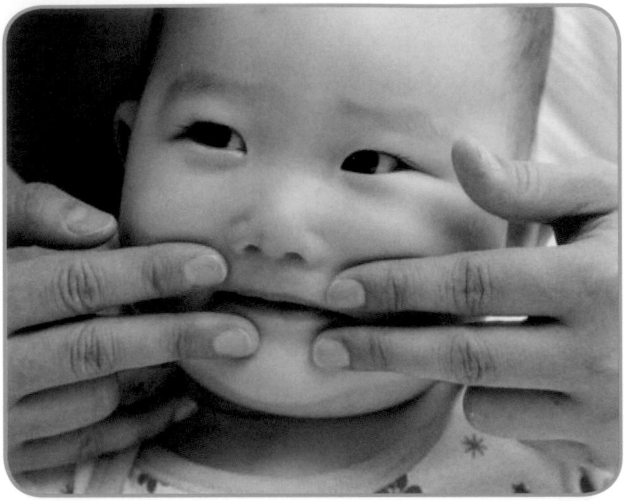

寶寶開始長牙時 從嘴巴上方開始按摩

請一邊注意牙齦的位置，一邊用食指與中指夾住寶寶嘴巴上方及下方部位，從中央開始向外側按摩。剛開始長牙的不適感也是造成寶寶夜哭、咬人的原因之一。若覺得寶寶可能因長牙感到不適，隨時都可以用這個方法幫寶寶按摩。

point

寶寶心情不好時 建議嘗試使用「固齒器」

想緩解寶寶長牙時牙齦的不適感時，建議嘗試使用「固齒器」。寶寶可以一邊咬固齒器，一邊享受新奇的觸感，自然就會安靜下來。固齒器也有各種形狀與材質可選擇。

在媽媽的腿上學站

遊戲

在媽媽腿上做腿部伸展運動

從腋下抱住寶寶，讓他站在媽媽的腿上，寶寶就會利用媽媽的腿做出伸縮雙腿的動作。配合寶寶的動作輕輕舉起他的身體，上下輕輕彈動，寶寶會覺得很開心。

point

邊玩遊戲，邊鍛鍊雙腿肌肉

一邊玩樂，一邊重複幾次同樣的動作，可以訓練寶寶下半身的肌肉。能漸漸學會雙腳怎麼用力，還能享受比平常更高的視野。

飛高高，降低低

遊戲

從高處到低處
享受高低視野的樂趣

從腋下抱住寶寶，邊說「好高～好高喔～」，邊將寶寶舉到比自己視線略高的位置。接下來一邊說「好低～好低喔～」，邊將寶寶降到身體幾乎碰觸到地板的位置。

point

刺激寶寶的平衡感
促進大腦發育

玩這個遊戲時，可以體驗到比平常高、低等各種不同的視角，寶寶也會因此而感到很開心。同時，身體懸空的搖晃會刺激平衡感，促進大腦發育。玩這個遊戲時請不要太猛力地舉高放低，也小心不要摔到寶寶。

成長概略指標

腰部長硬之後
寶寶就會從學坐→學爬

寶寶學坐時，一開始身體會向前傾，接著慢慢不需要用手支撐也可以坐好。之後就會開始學爬，不過也有寶寶突然就學會站，因此不用過於擔心。

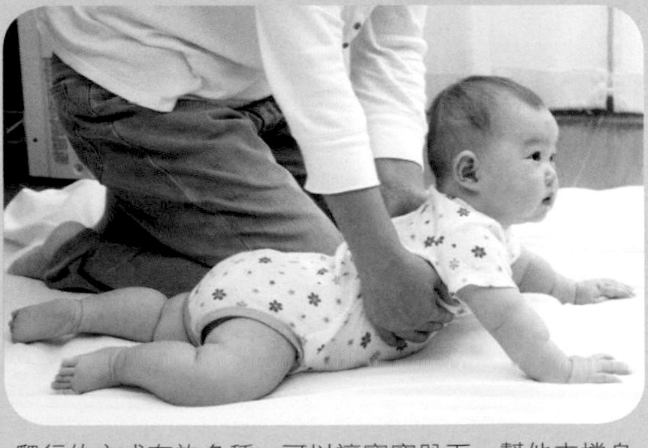

爬行的方式有許多種。可以讓寶寶趴下，幫他支撐身體，練習爬行。

9個月～1歲

學站期

寶寶學會站後，行動範圍會一下子變大。這個時期的寶寶非常好動，因此撫觸也需要一些技巧。

心

自我主張強烈，會明確表示喜歡什麼、討厭什麼。

身體

學會抓住東西站起來，扶著支撐物行走，手指也會變得更靈巧，動作更流暢。

感覺

想要模仿媽媽和爸爸做的所有事情，也慢慢開始理解語言。

包上「襁褓」解決寶寶的夜哭問題

此時正是容易夜哭的時期。夜哭的原因多半並不明確，有些會哭上一整晚，有些則是哭10分鐘，每個寶寶哭泣的模式也各有不同。夜哭沒有絕對有效的解決方式，當孩子夜哭時，建議您試著使用世界各種文化中都曾出現的育兒方式，替寶寶包上「襁褓」。這是睡前用毯子等布類包住寶寶的身體並露出頭部的睡覺方式。據說這麼做可以讓寶寶像待在媽媽肚子裡時一樣感到安心。使用襁褓時，視線請不要離開寶寶，時時注意寶寶的狀況。

撫觸

毛毛蟲翻滾

跟著口號 一起快樂翻滾

媽媽和寶寶朝同一個方向一起翻滾身體。邊喊著「滾呀滾～滾呀滾～」邊滾動身體，遊戲的樂趣也會倍增。玩遊戲時如果媽媽不覺得有趣，寶寶也不會高興，因此遊戲時必須一起開心享受。也可以用唱歌來代替口號，邊唱邊翻滾。

point

也可以兩人向不同方向翻滾等享受不同版本的樂趣

媽媽和寶寶滾向相反的方向，彼此遠離後，再一起滾向中間相碰，寶寶也會玩得很開心。這個遊戲可以利用各種方式來玩，例如一邊翻滾一邊追逐，或是讓寶寶滾過媽媽的肚子上等等。

學站期的各種問題Q&A

Q 寶寶的睡相很差，一下就會把被子踢掉，很擔心他會感冒。

A 孩子一直踢被，就是覺得熱。請換床薄一點的被子，或讓他穿薄一點。早上較冷的季節，請幫寶寶穿上肚子部位不會掀開的包肚衣，或是包上肚圍保暖。

Q 寶寶很好動，換尿布時都非常辛苦……

A 請試著邊唱歌邊換尿布（P71），讓寶寶更享受仰躺的感覺，也很推薦站立時也可以輕鬆更換的褲型尿布。

輕輕按摩寶寶的頭

按摩

趁寶寶抓著支撐物站立時快速按摩一下

請抓緊寶寶扶著支撐物站立的時間，將五隻手指伸進寶寶的髮絲中，輕輕搔動按摩頭皮。這個時期的按摩重點在於只按頭部、只按腿部等單一部位的短時間按摩。請趁寶寶靜下來時按摩，不要選在寶寶四處活動時進行。

point

剛學步時，請調整容易失衡的成長速度

開始學步時，也是成長容易失衡的時期。請藉由頭部按摩調整寶寶的成長速度。

轉轉腳趾

按摩

讓寶寶坐在腿上幫他按摩腳趾

請用大拇指和食指用，像是轉動開關一樣，輕輕在腳趾兩側轉圈，最後稍微輕拉彈放開。從拇趾到小趾的順序按摩雙腳腳趾。等稍微長大後，坐在媽媽腿上，較方便按摩。

point

寶寶會不會模仿媽媽自己也能按摩？

寶寶可以看見媽媽是怎麼幫自己按摩的，因此有可能會模仿媽媽，自己按摩喔！

在媽媽的肩膀上搖啊搖

遊戲

讓寶寶坐在肩膀上左右輕搖

媽媽跪坐在地板上，讓寶寶騎在自己的肩膀上。請牢牢支撐寶寶的兩邊腋下，穩住寶寶。接著慢慢從跪坐的姿勢立起膝蓋，然後左右慢慢搖晃坐在肩膀上的寶寶。

point

在鏡子前面玩會更有趣！

媽媽若是不勉強，可以試著整個人站起來。不過即使不勉強站起來，這個遊戲也能讓寶寶得到充分的樂趣。也可以讓爸爸玩站起來的版本。若能在鏡子前，一邊照鏡子一邊玩，樂趣也會倍增喔！

成長概略指標

從抓住東西學站發展到扶著支撐物走路

剛開始抓著東西學站時，寶寶的站姿還不穩定，不過當腿部肌肉發育好，抓到平衡感之後，就會開始學扶著支撐物走路，也漸漸不需靠手支撐。

我已經會站囉！

1歲~2歲 學步期

剛開始學步時，步伐會比較不穩，不過很快就會走得又穩又好。請藉由遊戲，讓孩子實際感受走路的樂趣。

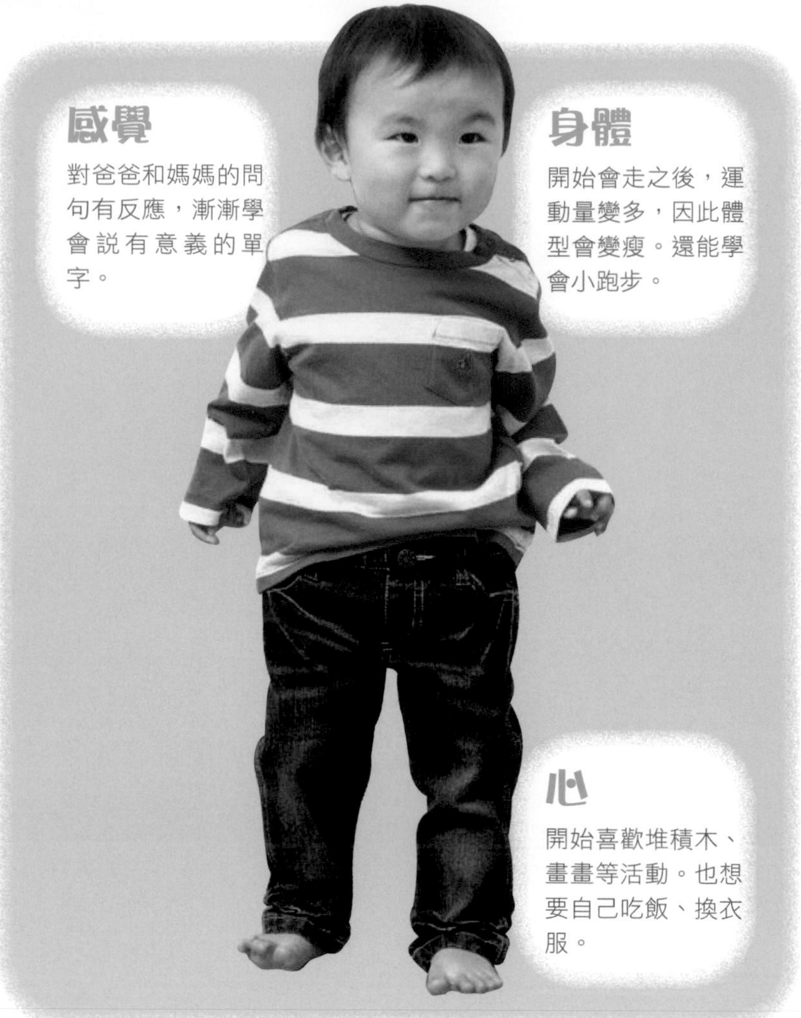

感覺

對爸爸和媽媽的問句有反應，漸漸學會說有意義的單字。

身體

開始會走之後，運動量變多，因此體型會變瘦。還能學會小跑步。

心

開始喜歡堆積木、畫畫等活動。也想要自己吃飯、換衣服。

媽媽也請一起感受寶寶學會走路的喜悅

對孩子來說，學會走路是很開心的事。想要順利走路，必須先了解雙腿的感覺，且能夠自行控制雙腿動作。媽媽可以試著從一段距離外讓孩子試著自己走過來，當孩子順利走過來時，請給他一個大大的擁抱。用遊戲的方式，讓孩子開心學走路。

學步期的孩子也會對外界環境產生很大的興趣。建議爸媽盡量帶孩子到草地上等戶外學走路。由於腳底有許多穴道，這樣能刺激腳底觸覺，促進全身器官發育，也有健康的功效。

一邊唱歌，一邊拍拍背

撫觸

看著孩子的臉
唱歌給他聽

孩子趴在媽媽腿上，媽媽一邊唱「小星星」等較慢的兒歌，一邊有節奏地輕撫、輕拍孩子的背，小寶貝就會安靜下來。唱歌時請讓孩子側著臉，媽媽就能看到孩子表情。請一邊唱歌，一邊看著他的臉。

point

安撫孩子時
請選擇緩慢的歌

唱「小星星」以外的歌當然也可以，唱孩子最喜歡的歌也很好。不過，想讓孩子靜下來時，必須選擇節奏較緩慢的歌曲。輕撫、輕拍孩子時，力道也要盡量輕柔。

學步期的各種問題Q&A

Q 我想讓孩子戒掉母乳，但陪他睡時，只要不給他吸，他就睡不著。

A 這是因為吸吮媽媽的乳房時，孩子會感到安心，因此容易睡著。請制定讓孩子安心睡覺的儀式（P146），來代替吸吮乳房。

Q 我本身不太會講話，每次要跟孩子說話時，都說得不太好……

A 不用把「說話」想像得太困難，只要閱讀繪本給孩子聽，或回應孩子說的話就可以了。外出散步時，會增加五感的刺激，話題也會自然增加。

遊戲

在爸爸的背上學走路

在爸爸寬闊的背上享受各種不同觸感

試著讓孩子在爸爸寬闊的背上邁步走看看吧！踩的時候，可以感受到有些地方硬硬的，有些地方軟軟的，各種不同的觸感會讓孩子很開心。請媽媽守在一旁，在孩子快要摔下去時伸手扶住他。爸爸除了能享受按摩的舒適感，也是親子間很好的肌膚接觸方式喔！

遊戲

在媽媽的腿上學走路

母子二人玩遊戲時在膝蓋上來回走

媽媽伸直雙腿坐下，讓孩子站在腿上。雙手支撐住孩子兩邊腋下，讓孩子在媽媽腿上走來走去。有媽媽的支持，孩子才能放心享受樂趣。

point

刺激腳底觸覺
訓練平衡感

這些遊戲能讓孩子用腳底感受爸媽和平常不同的肌膚觸感。由於身體踩起來較不穩，要一邊保持平衡一邊慎重邁出步伐，因此還能訓練孩子平衡感。

跟媽媽玩相撲

遊戲

和寶貝玩相撲遊戲 彼此推來推去

找個空間較大，無障礙物的地方，試著和孩子玩相撲遊戲吧！請緩慢輕推寶貝，讓他輕輕倒地，並注意安全。被輕輕推倒時，孩子也會感到開心。而當寶貝用力推時，也請裝出很弱的樣子倒地。

point

誇講寶貝「你的力氣好大喔！」

這個時期的孩子無論男女，都非常喜歡「你好有力氣喔」、「好大喔」、「好帥喔」等詞句。告訴寶貝「你好厲害喔，力氣好大」或是「好帥喔」孩子會非常開心，且充滿活力。請邊玩樂，邊在遊戲中培養孩子的自信。

PART 5 配合孩子的成長改變照顧方式

成長概略指標

能夠短暫自行站立時 代表快要學走路了

剛開始會站時，重心還不穩，剛站起來沒多久，雙手馬上就會向前撐地。等到上半身穩定，能短暫站立時，代表快要開始學走路了。

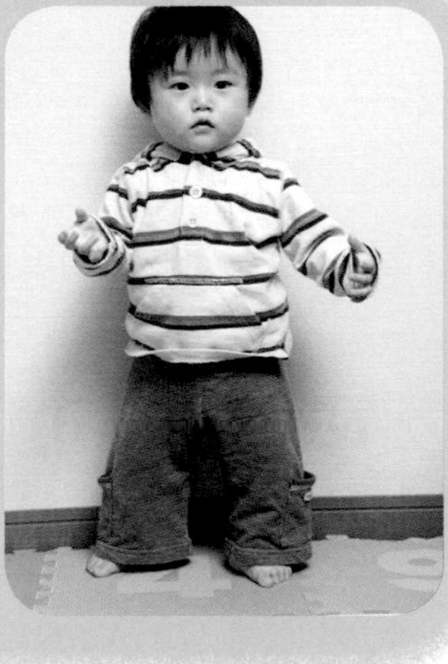

當孩子能夠不扶著支撐物，短暫自行站立時，表示就快要開始學走路了。

2歲

是「想撒嬌」和「獨立」之間猶豫不決的時期，此時也經常會失去自信，請多藉由肌膚接觸給予孩子安心感。

身體

運動機能提升，能夠跳躍、全速奔跑等。平衡感也更加發達。

感覺

指尖的感覺更加靈敏，逐漸學會精細的動作，例如會使用工具等。

心

自我意識萌芽，開始會鬧脾氣，但還是會想撒嬌。

藉由大量的肌膚接觸建立寶貝的自信心

孩子的自我意識逐漸增強，獨立心也開始萌芽，不論什麼事情都想自己試試看。另一方面，當事情做得不盡理想時就會喪失自信，產生自我矛盾。這個時期的重要課題在於「能夠自己管理自己的身體」，例如訓練上廁所等。不過，剛開始孩子還是會有許多做不到的地方，因此爸媽需要藉由親密接觸，告訴孩子「失敗也沒關係」。而緊緊擁抱孩子是最有效果的親密接觸。

若寶貝缺乏積極行動的意願時，請輕握他的手，或輕拍他的背，鼓勵他行動。

機器人走路

遊戲

按照孩子的指示移動雙腳

孩子站在媽媽腳上，將媽媽的兩手當成按鈕，按下「前」、「後」、「左」、「右」等前進方向，媽媽請照著孩子說的方向在家中到處移動。可以對孩子說「用機器人的方式走到廁所吧」，讓寶貝練習上廁所時也能很開心，不會感到痛苦。

point

偶爾順著孩子的意思

此時是孩子容易因為事情不如意而喪失自信的時期。當媽媽按照自己的意思行動時，會非常開心。偶爾順著孩子的意思，能夠有效加深親子之間的信賴關係，提高孩子的自尊心。

2歲時的各種問題Q&A

Q 很忙的時候孩子卻老纏著我，很危險又讓人覺得很煩。

A 請暫時放下手邊的事，好好看著孩子眼睛，抱抱他。即使時間不長，只要能感受到媽媽有確實接收到自己的心情，孩子就會感到滿足。建議還是要稍微擁抱一下孩子。

Q 孩子老是一個人自己玩，不跟別人一起，我覺得有點不安。

A 孩子獨自沉浸於喜歡的遊戲，對於培養注意力十分重要。爸媽不需過於著急，當孩子成長到會關心週遭事物的時期，自然就會多與朋友接觸。

揉揉腳底

按摩

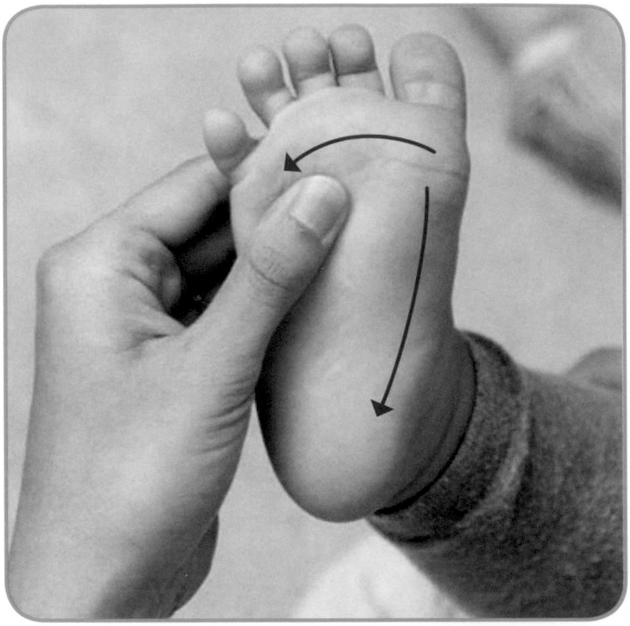

以拇指指腹按摩腳底

單手支撐住孩子的腳，另一手以拇指指腹輕壓腳底。首先按照腳拇趾到小趾的順序，沿著趾根橫向按摩。接著再用拇指從孩子的腳拇趾趾根處向下滑動至腳跟。另一隻腳也以同樣的方式按摩。

point

揉腳底時
可以順便按摩腳踝

腳底是全身神經集中的部位，因此按摩腳底，能刺激全身。按摩腳底時也可以順便在腳踝周圍轉圈按摩。

小猴子抱媽媽

遊戲

像猴子母子一樣掛在半空中搖晃

媽媽四肢著地，讓孩子像小猴子一樣用兩手兩腳抓住媽媽的身體。抓好後，媽媽可以試著輕輕晃動身體，或慢慢向前爬行，嘗試各種動作。

point

快要掉下來時，請用單手輔助

孩子快要掉下來時，請像右圖一樣用單手撐住他的背部。也可以瞬間放開手再立刻撐回去，嚇孩子一跳。

聽聽看心跳的聲音

撫觸

藉由密切的肌膚接觸
教導孩子生命的珍貴

環抱住孩子，讓他聽聽媽媽的心跳聲，孩子就會想起待在媽媽肚子裡的感覺而感到安心。同時透過肌膚相觸，確實感受到「自己活著」。擁抱時，媽媽可以溫柔對他說「好溫暖喔」、「這代表充滿活力喔」。

point

讓寶貝聽聽其他人的心跳

進入抗拒期的孩子，有時會難以安撫。但另一方面，這個時期的孩子還很愛撒嬌，因此對心跳聲的反應也很直率。媽媽可以試著讓寶貝聽聽爸爸、弟妹或是家中的貓、狗等寵物的心跳聲，藉由實際感受讓孩子了解每個生命都是珍貴而平等的。

成長概略指標

「我不要那個！」
「也不要這個！」
該怎麼應對抗拒期的孩子？

抗拒期的孩子，自我主張強烈，不管爸媽說什麼都會說「不要！」堅持己見，這也是孩子生命中第一個反抗期。此時的孩子有時可能很難應付，不過這也是成長的象徵，應盡量以寬容的心情接納。當孩子抗拒去做某件事時，爸媽可以先示範，表現出做這件事好像很開心一樣。當孩子鬧脾氣時，請抱住他，耐心安撫。請體會這個時期孩子在「想撒嬌」和「想獨立」之間來回擺盪的心情。

3歲

這時期除了熟悉的爸爸媽媽之外，也會逐漸開始了解外面的世界。不過，此時的孩子仍然喜歡撒嬌，因此離開時，請記得給予充分的親密接觸。

身體

全身運動能力發達，能玩球類遊戲、用雙腳跳躍、巧妙地用玩具玩耍。

感覺

使用的辭彙數量變多，溝通方式更豐富。好奇心旺盛，喜歡問「為什麼？」

心

抗拒期暫時告一段落，能夠安靜地聽別人説話。

不論孩子成功失敗都以親密接觸來獎勵他

孩子到了3歲，能夠自力完成的事情大幅增加，失敗率也隨之減低。當寶貝成功完成各種任務時，請誇張地抱抱、親親他，逗他開心。失敗時，爸媽也不要感到焦躁或是責罵孩子，耐心地給孩子時間慢慢嘗試。當孩子因為失敗而感到不甘心時，請給他一個大大的擁抱。

孩子若已經開始上幼稚園，請在上學前與回家後，多陪他玩一些親密接觸的遊戲。3歲以上的孩子身體機能已經相當發達，可以開始玩活動全身的遊戲。

唱歌＆抱抱，給孩子打氣

撫觸

和孩子分開前
別忘了親密接觸

送孩子去幼稚園，或是短暫分別前，抱抱他、唱歌給他聽，有替孩子加油打氣的效果。可以唱孩子喜歡的歌，無論是什麼歌都OK，若沒有時間唱歌，光是抱抱孩子，一樣有充電的效果。

point

好好說 bye-bye
寶貝就能神清氣爽地出門

對孩子來說，媽媽就像保護自身安全的基地。這個時期的孩子會不斷在「獨立」和「撒嬌」之間擺盪，有時即使玩遊戲玩得入迷，還是會突然想和媽媽撒嬌。不過，只要在去幼稚園前，好好完成說 bye-bye 的儀式，孩子就能神清氣爽地離開媽媽出門去。

3歲時的各種問題Q&A

Q 孩子馬上就要上幼稚園了，還是無法脫掉尿布，一直不肯自己上廁所。

A 建議將廁所打造成孩子喜歡的模樣，或用機器人走路（P113）的方式，設法增加上廁所的樂趣。孩子順利上完廁所時，也不要忘了誇獎他喔！

Q 弟妹靠近時，老大就會去打他的頭。孩子的暴力行為讓我很困擾。

A 等孩子能夠控制情緒之後，自然就不會再出現這種行為。請暫時將兩個孩子當成雙胞胎看待，盡量表現出對他的珍惜愛護（P148～P150）。

嘿咻！嘿咻！

遊戲

背對背，拉一拉再推一推

媽媽和孩子背對背坐著，背部彼此緊貼，手臂互相勾住，喊出「嘿咻！嘿咻！」的口號，互相輕推、拉扯。最後讓孩子在背上，然後左右輕輕搖晃。

point

上下搖動身體
培養平衡感

這個遊戲可以培養身體的平衡感。請和孩子一起很有精神地喊出聲，交換時也要喊出口號，開心地玩。

在手心畫圈圈

按摩

用拇指刺激手掌心

媽媽和孩子面對面坐著，單手握住孩子的一隻手，再以另一隻手疊放在上面。用拇指在孩子手心畫圓，給予刺激，最後再以兩手輕輕包覆住他的手。

point

雙手交握
寶寶就會冷靜下來

手心受到撫觸時，孩子會感到心情平靜。即使不按摩，只是雙手交握也同樣有效果。請盡量多和孩子牽牽手。

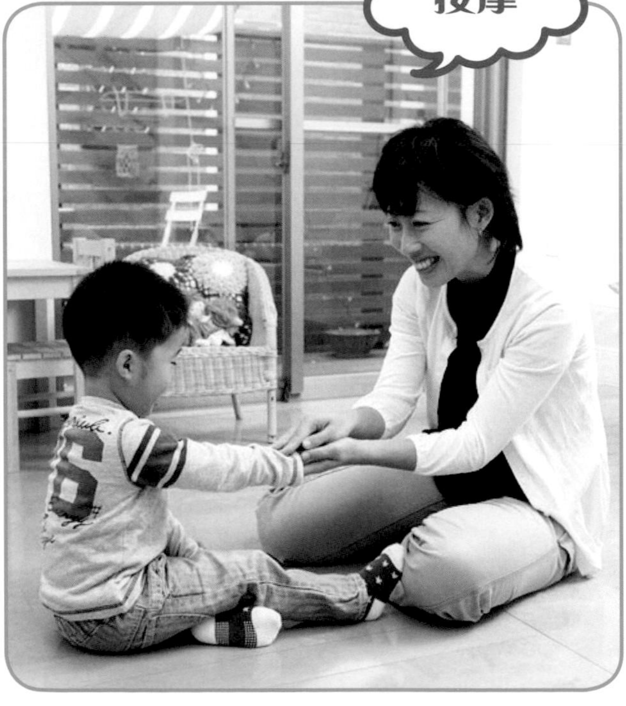

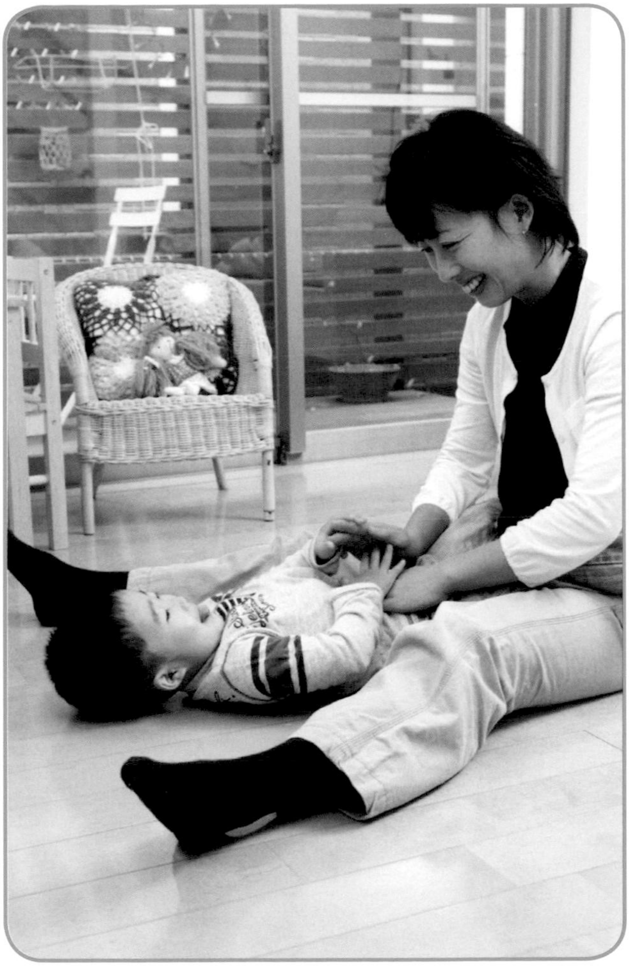

按摩

按摩臉、胸及肚子

緊貼著身體
摸摸上半身

讓孩子仰躺，媽媽將孩子的腿拉向自己的身體，放在自己腿上，接著輕輕按摩孩子的上半身。這種按摩方式除了有放鬆身心的效果，還可以滿足寶貝想和媽媽撒嬌的需求。

point

按摩任何部位都 OK

除了臉、胸、肚子，也可以按摩肩膀、手臂等部位。按摩時請一邊看著孩子的眼睛，一邊和他互動。

成長概略指標

運動能力更加發達
開始愛玩動態的遊戲

喜歡玩球類、玩遊樂設施。與其讓孩子拘泥於固定的動作，不如帶他外出玩耍，讓孩子自由活動。爸媽可能會忍不住想要約束他，但為了讓孩子體驗自己活動身體的樂趣，請盡量在一旁看著他就好。此外，孩子也會慢慢學著換簡單的衣服，扣釦子等，獨立心比以前更旺盛。雖然還是喜歡自己一個人玩，但再過不久，逐漸就會交朋友，和朋友一起開心玩耍了。

4歲

和同年齡的朋友一起玩的機會逐漸增加，在認識新世界的同時，也會因此產生不安感。爸媽請親自聆聽孩子的心聲，呵護幼小的心靈。

身體

開始學會照顧自己，例如自己穿衣服、用筷子吃飯等等。

心

和同年齡孩子相處的機會變多，開始發展出社會性。

感覺

回想起今天發生的事情時，會自己主動找人訴說。

請盡量包容孩子在外面的不安

雖然此時的孩子還是很喜歡和爸媽肌膚接觸，但同時也逐漸覺得和朋友互動很開心。常常和朋友一起玩，能夠培養孩子的體貼與同理心。不過，這個時期的孩子年紀還小，一起玩遊戲時，無法像和爸媽玩遊戲一樣每次都很順利，孩子可能會經歷和朋友吵架，或是被排擠等各種經驗，這時請讓孩子坐在腿上，邊安撫他，邊聽他訴說心情。如果孩子不會主動談起這些事情，建議趁著洗澡時間，彼此身心放鬆時，先肌膚接觸，加深親子之間的信賴關係後再詢問。

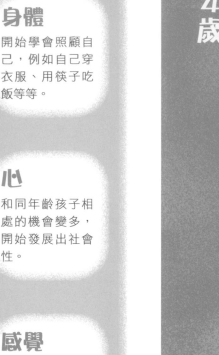

按摩肚子

按摩

溫暖孩子的肚子和背部

讓孩子坐在腿上，用雙手按摩孩子的肚子。媽媽雙手往左右移動，輕柔摩擦孩子的肚子。按摩時孩子背部會貼在媽媽身上，因此背部和肚子都會覺得很溫暖，感受到整個人被包住的舒適感。

point

如果孩子討厭按摩 請改變邀約的方式

因為正值活潑好動的時期，有些孩子不喜歡像過去一樣坐著不動，花時間讓媽媽按摩。這時，請稍微改變方式，不要再對孩子說「來按摩吧」，而是告訴他「來坐在媽媽腿上吧」。即使時間不長，還是要和孩子保持親密接觸喔！

4歲時的各種問題Q&A

Q 孩子的手好像不太靈活，吃飯時老是把飯灑出來。我該怎麼幫他呢？

A 以樹木比喻，人的身體就像樹幹，若樹幹還沒長好，枝葉也無法生長。活動身體可以培育大腦，因此不需拘泥於手部練習，盡量讓他活動全身，開心玩耍即可。

Q 孩子的自我主張很強，都不聽爸媽的話。該怎麼辦？

A 有些時候，不管爸媽怎麼說，只要孩子自己沒有實際嘗試過，就無法理解。請不要勉強孩子聽話，在適當的範圍內盡量讓他自己去體驗不同的感受。

讓孩子坦率說出心聲

按摩

緩解背部的緊繃，放鬆身心

媽媽面對面抱住孩子，上下輕撫孩子的背。背部的緊繃緩解後，身心就會放鬆，孩子也會自然想講平常較少主動說出來的心聲。

point

**有時不盯著孩子的眼睛
反而會有更好的效果**

有時，不要盯著彼此的眼睛看，反而能讓我們更坦率。請一邊緊貼孩子的身體，一邊輕撫他，聽他說話。

手指相撲

遊戲

和爸爸媽媽都能玩！比比誰的力氣大

面對面，一人伸出一手，將拇指以外的四隻手指交握後，豎起拇指，喊出「一、二、三」，接著壓倒對方的指頭，若能壓制對方十秒，就獲得勝利。建議爸媽偶爾故意輸給孩子，稱讚他「好厲害喔！」提升孩子鬥志。不只媽媽，爸爸也可以試著陪孩子玩玩看。

point

在遊戲中鍛鍊手指感覺

孩子手指漸漸變得有力，除了單純的牽手之外，請常常在遊戲中鍛鍊手指的感覺，多進行類似的肌膚接觸。

模仿媽媽的表情

遊戲

像鏡子一樣模仿媽媽的動作和表情

玩這個遊戲時，必須面對面坐著，讓孩子像鏡子一樣模仿媽媽的動作。媽媽可以試著做出各種動作與表情，例如拿抹布擦窗戶、搔癢、大笑或生氣等。

point

透過模仿遊戲培養孩子的同理心

這個時期的孩子，會逐漸產生同理心。而同理心就是從模仿別人的動作開始。透過模仿媽媽的動作和表情，孩子會慢慢想了解媽媽內心的感受。

成長概略指標

孩子開始會思考對方的感受和別人共同分享想法

在這之前，孩子的世界都以自己為中心，從這個時期開始，孩子對周圍人事物會越來越有興趣，開始能夠想像對方的感受。也開始會和朋友一起玩耍，萌生「覺得對方很重要」的想法。孩子會越來越有社會性，不過對他人的關心和興趣還很薄弱，常會因為和朋友想做的事情不同而起爭執。也會透過爭吵，學習人際關係以及了解對方的感受。這個時期爸媽請好好包容孩子的感受，培養體貼他人的特質。

Column

藉由碰觸爸媽以外的人，培養孩子堅強的心

從原本只有爸媽的安穩世界出發，接觸許多不同的人，能夠讓孩子從肌膚觸感實際感受到世界的寬廣。

接觸和飲食一樣均衡健康最重要

前面已經說明過，和媽媽的互相撫觸能夠安定孩子的情緒，和爸爸的互相接觸則是了解外界的第一步（P84）。對孩子來說，光是這樣或許就已經夠多了，但是，碰觸雙親以外的對象，也是孩子成長階段中不可或缺的一部分。

透過碰觸爺爺、奶奶、鄰居和同年齡的朋友，孩子會理解世界上有各種人，而且各自不同。其中有些人碰觸自己時會覺得很舒服，有些則不太舒服，體會這種感覺，對孩子也是重要的功課。就如同我們為了維持健康，必須均衡攝取各種營養，同樣地，孩子的接觸對象不要侷限在特定幾個人，盡量和各種不同的人相互接觸，才能幫助寶貝健康成長。

和各種年齡、性別的人接觸，能夠幫助孩子了解家人以外的世界，實際感受與人溝通的重要性。

PART 6

日常生活中的撫觸照顧法

有許多媽媽會覺得每天都很忙，
根本沒有時間幫寶貝按摩。
事實上，按摩不用刻意安排時間，
在抱、背孩子等日常照顧時，
找機會多撫觸也是方法之一。

照顧孩子的空檔，就是重要的撫觸時間

日常生活中，媽媽有許多接觸孩子的時間，例如換尿布、洗澡等。建議不妨在平常照顧孩子時，多增加一些肌膚接觸的機會。

每天撫觸孩子為什麼這麼重要？

進行「撫觸照顧（Touch Care）」時，**即使時間短暫也沒關係，重點在於每天都要持續。**這是因為撫觸肌膚時，人體內會分泌出催產素（P16）。其實，催產素在我們互相凝視、對話時也會分泌，但透過撫觸產生的分泌量最多。

催產素並不是一種會立即產生效果的物質，必須藉由不斷反覆分泌，效果才能持久。因此，對家長而言，每天確實撫觸孩子，可以說是最重要的課題。

照顧孩子時請充滿慈愛地撫觸他

媽媽不一定要在忙碌的育兒生活中抽出空檔每天都幫孩子按摩，如果幫孩子按摩變成媽媽的重擔，反而是本末倒置。尤其是平常就一直和孩子一起待在家中的全職媽媽，**只要在照顧孩子時稍微撫觸一下，就可以充分滿足孩子肌膚接觸的需求。**

回顧一天的生活，媽媽應該可以找到許多和孩子互相撫觸的時機。平日的照顧也是重要的「撫觸時間」，請滿懷慈愛地輕撫孩子吧！

前輩媽媽VOICE

媽媽的用心
孩子感覺得到

我現在很用心和孩子親密接觸，即使彼此接觸的時間很短，還是會盡量讓他知道「媽媽很愛你」。忙著做家事的時候，也會暫時停下來，看著他的眼睛，進行撫觸照顧法。

小楓媽媽（31歲）

現在比以前
更能享受撫觸的樂趣

以前我以為要撫觸孩子，都需要挪出一段空閒時間來做。後來才聽說其實只要利用日常時間就夠了，真的很驚訝！現在我都利用照顧孩子的空檔和寶貝肌膚接觸。

由貴（27歲）

日常生活中
有許多互相接觸的機會

※ 親子接觸的範例圖

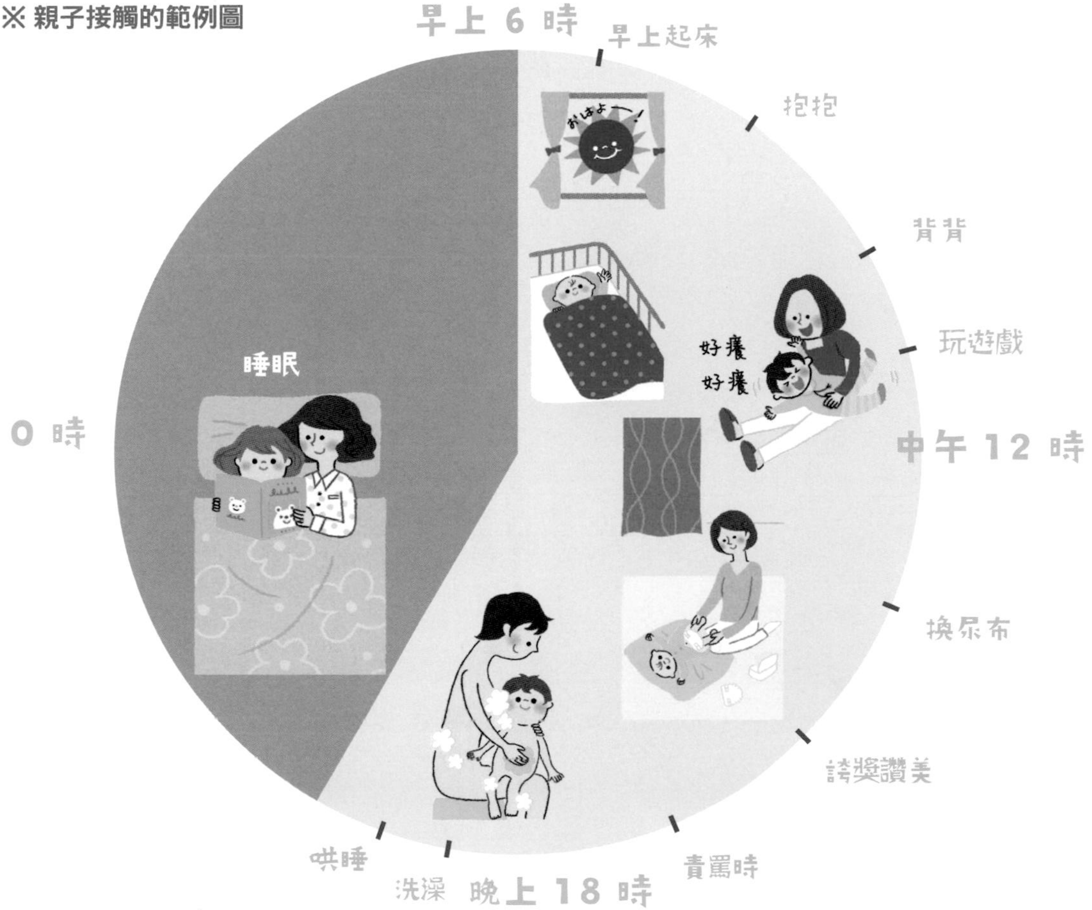

醒著的時間
隨時都是
撫觸時間！

您是否很著急「一定要空出時間和寶貝肌膚接觸」呢？其實，媽媽不需要特地從忙碌的家事和育兒工作中另外抽出時間，只要將一天中扣除睡眠以外的部分都當成「親子接觸時間」就好。照顧孩子也是一種很棒的親密接觸，請一邊和孩子說話，一邊和他互動吧！

抱孩子時

平時有常常抱抱寶貝嗎？不只是為了要移動而被抱過來抱過去，孩子想要的是宛如整個被包覆在懷中的親密擁抱。

和寶貝面對面好好抱一下

平常抱孩子時，是否都是為了將他抱到某個位置呢？孩子最喜歡的，是媽媽用自己的心支撐自己，猶如包覆在懷裡的溫暖擁抱。

抱抱不是在「寵孩子」，而是「讓孩子撒嬌」，是相當重要的行為。若媽媽平常很忙碌，建議也要稍微抱一下孩子。

抱一次大約5分鐘也可以，請挪出時間，確實和孩子面對面。您會發現，比起單手抱抱，這種親密的擁抱更能讓孩子開心。

撫觸

臉碰臉親密接觸

蹭蹭鼻子 親親寶寶

無法空出雙手時，可以用臉跟寶寶接觸。用鼻子輕蹭寶寶鼻子，或用臉頰碰臉頰。也可以張合嘴巴，輕輕含住寶寶的胸口、肚子等。

point

刺激寶寶的觸覺

剛出生的寶寶還無法接受真正的按摩，只要透過接觸刺激寶寶的觸覺就夠了。

寶寶順利摸到臉時 請露出高興的表情

用背帶背著寶寶時，讓寶寶玩摸媽媽的臉的遊戲。當寶寶摸到時，請表現出非常開心的樣子。也可以試著拉起寶寶的手，帶他摸摸媽媽的臉頰、鼻子、耳朵等部位。

point

張開嘴巴 告訴寶寶「在這裡喔！」

寶寶伸出手時，請張合嘴，從鼻孔呼出空氣，告訴寶寶「媽媽希望你來摸這裡」。

遊戲

摸得到嗎？

將整張臉包覆住 輕柔撫觸

抱起寶寶，用空出來的另一隻手沿著寶寶的臉頰輪廓輕輕撫摸。撫摸時，請用整個手心輕輕包覆住寶寶的臉龐。

point

媽媽的臉要靠近寶寶 寶寶才會安心

3 個月左右的寶寶，視力還很弱，只看得到近的東西。和寶寶互動時，請靠近一點，讓寶寶看得到媽媽的臉。

按摩

摸摸臉

※ 寶寶的年齡、月齡為概略值。

背孩子時

寶寶也喜歡傳統古早的背負方式，寶寶的胸口會緊貼在媽媽背上，不但能放鬆身心，還能觀察四周環境，培養社會性。

和媽媽看著同樣景物 寶貝也會產生興趣

「背孩子」對寶寶和媽媽來說都是相當重要的行為。對孩子來說，在媽媽的背上能夠和媽媽擁有相同的視線，進而對媽媽眼中的事物產生興趣，視野也會變得更開闊。相對來說，被媽媽抱在懷裡時，會因為能夠看到媽媽的臉而感到安心，但視野卻不會因此而變寬廣。

背在背上時可以空出雙手，即使忙碌時也很方便。與其放孩子在一旁獨處，背在媽媽背上不僅更安心，同時還能藉由身體接觸了解孩子的健康狀況。

遊戲

不時回頭與寶寶四目相接

回過頭 和寶寶四目相接

媽媽只要在做家事時不時回頭一下，和寶寶四目相接就夠了。若寶寶雙腿踢動，代表他很開心。

point

寶寶的胸口離開背部時

胸口不再與媽媽的背相貼時，可能是寶寶已經厭倦了這個姿勢。請回頭看看他吧！

撫觸

握握手，好安心！

無法四目相接時 請輕握寶寶的手

無法轉頭看向寶寶時，請將手伸向後方，輕輕握住寶寶的手。這樣即使無法和媽媽四目相接，寶寶也會感到安心。也可以邊握住寶寶手，邊對他說「沒關係」、「有媽媽在喔」。

point

握單手 或握雙手都 OK ！

握寶寶的手時，可以使用單手或雙手。建議利用做家事的空檔，多多握寶寶的手。

撫觸

碰碰寶寶的腳趾

包住寶寶的整隻腳 輕輕撫觸

媽媽無法轉頭看寶寶時，也可以試著將手伸到後方，握住寶寶的整個腳尖，輕輕撫觸，也同樣有效。寶寶被媽媽觸碰時，也會感到安心、放鬆。

point

試著輕搔、輕捏寶寶的腳

搔搔寶寶的腳底，或是輕捏腳趾，都能讓寶寶感到開心。趁著他心情愉快時，多跟他玩玩小遊戲吧！

 ※ 寶寶的年齡、月齡為概略值。

早上起床時

叫醒寶寶時，順便撫觸肌膚，確認健康狀況。如果賴床不想起來時，請用神清氣爽按摩法，讓寶貝精神百倍。

刺激交感神經運作 起床時會神清氣爽

一般來說，寶寶的作息最好配合太陽公公的步調，早睡早起，對發育最好。不過，剛出生的寶寶生活步調還不太規律，請慢慢讓他養成早睡早起的習慣。有時前一晚寶寶睡不著，或是較常夜哭，作息也容易被打亂。這時，請溫柔地對寶寶說話，同時幫他按摩，喚醒賴床的小寶貝。

透過刺激交感神經的按摩法，能夠幫助寶寶神清氣爽地起床。

按摩

畫圈輕撫寶寶的肚子

畫圈輕擦小肚肚 今天身體狀況如何呢？

以肚臍為中心，順時針輕擦肚子。按摩時可以隔著衣服，也可直接撫觸肌膚。每天持續按摩，能幫助了解寶寶的健康狀況。

point

溫暖小肚肚，精神百倍！

肚子一暖，人就會有精神。請邊按摩，邊對他說「今天也要有精神地玩喔！」

按摩

輕輕摩擦背部

喚醒昏沉的小腦袋 活化意識

讓寶寶維持橫躺，上下輕撫整個背部。若寶寶睡眼惺忪、昏昏沉沉，請對他說「早安，今天天氣也很好喔！」一邊用按摩活化他的意識。

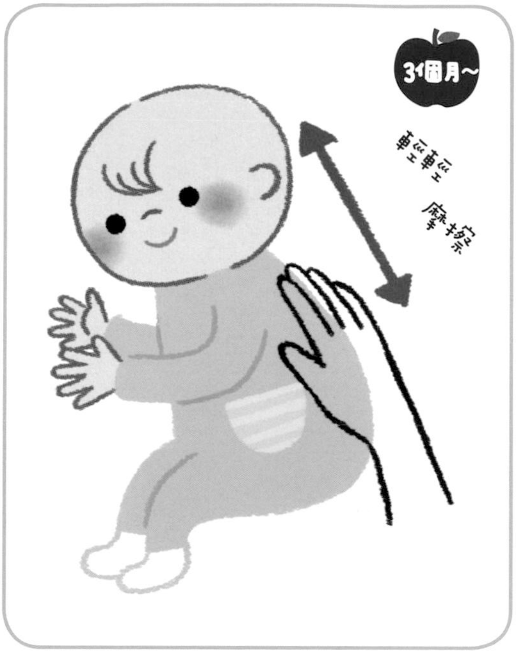

point

用稍快的速度摩擦 可以刺激交感神經

摩擦背部的速度要稍快，不要過慢。這樣可以刺激交感神經，神清氣爽地醒來。

按摩

在寶寶的腿上畫圈

促進血液循環

從大腿往腳踝，畫圈按摩寶寶的腿部外側，或將手掌彎成飯碗形狀，從寶寶的大腿向腳踝方向輕輕拍打，刺激血液循環。

point

即使前一天晚睡，隔天 仍要在正常時間叫醒寶寶

即使前一晚遲遲無法入眠，很晚才睡著，隔天還是要在平常起床時間喚醒寶寶。這樣可以重新設定寶寶體內生理時鐘。

 ※ 寶寶的年齡、月齡為概略值。

換尿布時

換尿布時，是觀察健康狀況的大好時機。在快速換尿布的過程中，也有許多適合的按摩法。

把握機會多摸摸平常較少撫觸的部位

每天必須進行多次的尿布更換時間，也是絕佳的撫觸時間。請以平常較少觸摸的屁屁、大腿部位為中心，幫寶寶按摩。這些地方受到碰觸，寶寶也會覺得很開心。

不過，屁屁和大腿都是相當柔軟的部位，按摩時的原則是「用掌心輕輕包覆，手勁盡量輕柔」，從這些部位移動到肚子或雙腳，慢慢加大範圍。

按摩

輕輕摸摸尾椎

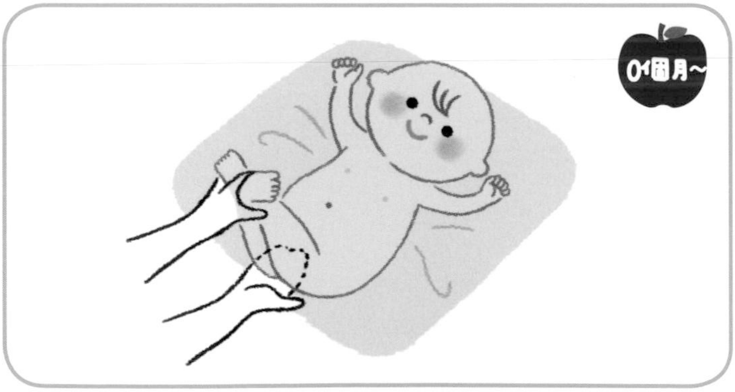

抬起寶寶雙腿較容易撫觸

請用單手握住寶寶兩邊腳踝向上抬起，另一隻手伸進寶寶大腿下方，在骨盆中央的尾椎（脊椎根部）附近畫圈撫摸。

point

快速完成的撫觸法

請利用換上新尿布前的些許時間替寶寶按摩，快速完成是重點。

輕握大腿鼠蹊部
刺激肌膚

請用雙手輕輕握住寶寶大腿根部，接著轉動手腕，從鼠蹊部內側刺激到外側。按摩時，5隻手指都要用到。

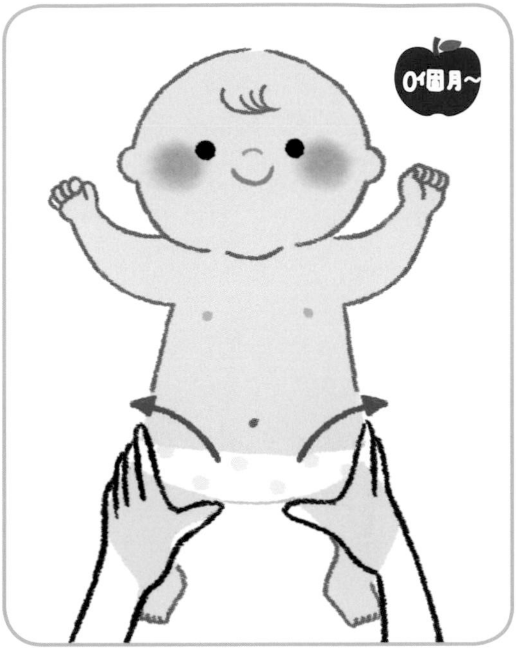

按摩

從內向外按摩鼠蹊部（腿根）

point

姿勢保持自然
不要拉寶寶的腿

按摩時，請不要硬拉開寶寶的腿，保持自然的姿勢就好。

觀察寶寶的肚子，確認身體狀況

每天替寶寶換尿布時，順便觀察肚子，能幫助媽媽了解肚子外觀與身體健康狀態的關聯。排便較少時，肚子會凸起來；咳嗽或流鼻水時，肌膚會欠缺光澤，感覺沒精神。身體出現狀況時，多半在症狀顯現前，肚子就會發生變化。因此若能掌握身體不適的徵兆，就能幫助預防疾病。

肚子的觀察重點

- ☐ 肌膚明亮度
- ☐ 肌膚觸感
- ☐ 肌膚光澤度
- ☐ 肌膚彈性
- ☐ 表層水潤或粗糙
- ☐ 肌膚溫度
- ☐ 是否有皺紋

※寶寶的年齡、月齡為概略值。

誇獎孩子時

誇獎時，一定要飽含感情。當媽媽自然並露出豐富的表情時，孩子就能夠透過肌膚感受到媽媽內心的喜悅。

人在受到撫觸時，會活化快感神經，促使有「大腦司令塔」之稱的前額葉區積極運作，因此被誇獎時，就會越來越有幹勁。

誇獎孩子時請加上有點誇張的動作

誇獎孩子時，請加上帶有動作的按摩。盡情擁抱，或是摸摸寶貝的頭，表現得稍微誇張一些，孩子透過肌膚感受到媽媽的喜悅，也會更加開心。此外，對孩子來說，「謝謝你」就是最棒的誇獎。

誇獎的訣竅

育兒的基本原則是「盡量多誇獎」，多發掘孩子的優點並誇獎他，幫助孩子發展長處。

這樣的誇獎方式 OK！

當孩子做了好事時，即使只是件小事，也要馬上誇獎他。藉由言語傳達媽媽的喜悅心情，例如「謝謝你幫了我的忙」、「做得好棒喔！真厲害」，這種能夠與孩子共享喜悅心情的誇獎方式，效果會更棒。孩子受到讚美時，會感到開心，接著繼續採取相同的行動。同時，讚美也能提高孩子的自尊心與自信心，讓親子關係更親密，形成良性循環。

這樣的誇獎方式不好喔！

若誇獎「孩子自己覺得沒什麼的小事」，孩子可能會發現「媽媽不是真心在誇我」，這時，孩子不只不會開心，還會覺得「媽媽是想要我再多做幾次」。為了避免發生這種情形，誇獎孩子時要飽含感情，用全身擁抱表達感謝。平時也要多觀察孩子的行動，花一些心思思考不同的誇獎方式。

面帶微笑
用豐富表情傳達內心喜悅

請摸孩子的頭，同時輕撫肩膀或背部，臉上露出大大的笑容，表現心中的喜悅。表達自己的感情時，請用豐富的表情，並確實看著孩子的眼睛，接著撫觸孩子的身體，讓孩子從肌膚感受喜悅。

point

透過互相碰觸
傳達內心的喜悅

想要表達喜悅時，肌膚接觸是不可或缺的方法。請試著用各種不同形式傳達感情，例如摸頭、握手、擁抱等等。

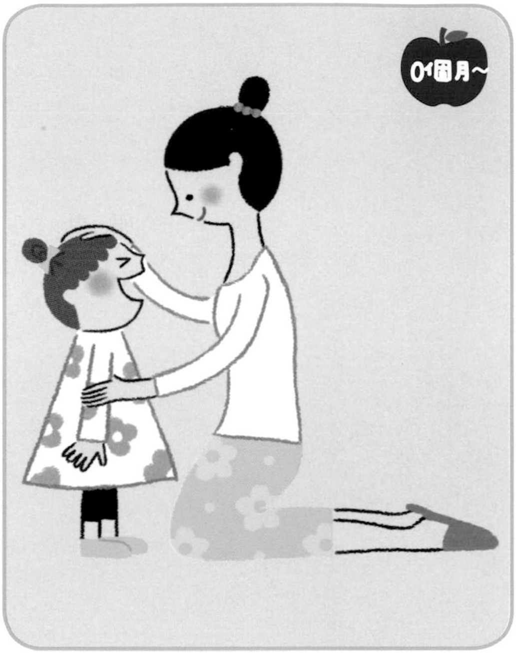

撫觸

摸摸頭，笑一笑

有節奏感地
左右輕擺身體

將孩子抱起來，左右輕輕搖擺孩子的身體，動作要有節奏感。請面帶微笑，一邊看著孩子的眼睛一邊搖。

point

加入一些動作
表現喜悅

除了摸摸頭，用更多動作來表現情緒，效果會更直接。孩子被抱起來時，也會感到很開心。

撫觸

抱一抱，搖一搖

 ※ 寶寶的年齡、月齡為概略值。

責罵孩子時

和誇獎一樣，責罵孩子時，也要出自內心。責罵後，孩子會感到不安，請一定要好好關心他。

責罵時不動手 只要輕觸就好

父母生氣時，若沒有用全身來表現怒氣，孩子就不會理解。責罵孩子的原則在於只要觸碰他的身體，不要動手打他。這樣做，媽媽也較能控制自己的情緒。責罵時必須靠近孩子，看著他的眼睛，確實地責備他。

受到責罰時，孩子多半會因為強烈的不安或難過而哭出來，因此罵完以後，也不要忘了關心他，緊緊抱住，用行動告訴他「媽媽之所以罵你，都是因為愛你」。

責罵的訣竅

責罵若太情緒化，會讓孩子將注意力集中在媽媽的情緒上，認為「媽媽是心情不好」，而非被責罵的事情上。因此，責罵時說話要冷靜。

責罵時的 6 個訣竅

1 做出具體清楚的指示（例如比起「吵死了！」不如說「出了這個房間才可以吵鬧」等）。

2 事情發生時，當場立刻責罵（若事後才罵，效果會大幅下降）。

3 不要給孩子貼標籤（若被說是「麻煩的孩子」等，他會信以為真）。

4 標準前後一致（對孩子同樣的行為，不要有時責罵，有時默不作聲）。

5 不要翻舊帳（若因為想起過去的事而責罵孩子，會讓他漸漸喪失幹勁）。

6 只針對不好的行為責罵。（責罵孩子必須反省的行為而不要否定孩子整個人）。

最後，一定要想辦法讓孩子有「下次要加油！」的想法，重振鬥志。也可以在責罵後，讚美孩子的優點或長處。

撫觸

環抱住肩膀

肌膚接觸的同時 也要直視孩子眼睛

管教孩子時，請靠近他身邊，並握住他的手，環住肩膀。責備時，一定要看著他的眼睛。當孩子低下頭，或轉過頭時，請看著他的臉，確實傳達自己的想法。

point

創造「不需責罵孩子的環境」

孩子要到 3 歲左右才會開始理解爸媽為什麼生氣。在這之前，請設法創造「不需要罵孩子的環境」，例如將不想讓孩子碰到的東西收好，避免讓孩子拿到。

撫觸

責罵後的關心

緊緊抱住寶貝 讓他感到安心

責罰過後，請抱住他，讓他安心。等孩子冷靜下來後，再藉由溫柔的按摩，表達對孩子的愛。

point

盡快關心孩子 緩解他內心的不安

被父母責罵過後，孩子會感到非常不安。請不要放任不管，應盡快關心他。

※ 寶寶的年齡、月齡為概略值。

玩遊戲時的撫觸，並非只有輕柔、溫馨的感覺，請給孩子各種不同感覺，刺激孩子的感官。

會覺得癢是信賴的證明

玩遊戲時的撫觸，除了輕柔、溫柔，建議媽媽也可以常和孩子玩搔癢遊戲，讓孩子體驗各種不同的感覺。「癢」是混合了「舒服」和「不舒服」的感受，十分有趣。孩子會因為感到不舒服而希望媽媽停下來，同時又會笑個不停，釋放出「還想再多一點」的訊號。

玩搔癢遊戲時，孩子如果感到癢而笑出來，證明親子之間已經建立起良好的關係。孩子會覺得癢，正是由於對爸媽的信任。

遊戲

搔癢遊戲

刺激孩子全身如肚子、腋下、腿等

一邊說著「好癢好癢～」一邊輕搔孩子的肚子、腋下、腿等部位。習慣之後，孩子只要看到搔癢的手勢就會忍不住笑出來。

point

要享受而非沉默

說「小螞蟻小螞蟻，爬到你的手上囉！」然後開始搔癢，孩子就會很開心。媽媽也一起享受樂趣！

轉圈圈
跟著節拍踏步

放孩子喜歡的音樂，拉住他的雙手，轉圈圈、踏舞步、唱唱歌，配合節奏隨興跳舞。跳舞時請把自己當成真正的舞者，邊跳邊讚美「你跳得真棒！」

point

一起跳舞時
盡量貼近孩子的視線

親子共舞時，請彎下腰，盡量靠近孩子的視線。也可站直，將孩子抱起來，輕輕擺動身體。

把孩子抱到胸前
左右輕輕搖晃

牢牢抱好寶貝的身體，讓孩子背部緊貼自己的胸前，接著左右輕輕搖晃孩子的身體。

point

孩子習慣後
可以試著加大搖擺幅度

在空中搖晃身體，能培養孩子的平衡感。等孩子習慣後，可以試著慢慢加大左右搖晃的幅度，孩子會覺得很好玩。

※ 寶寶的年齡、月齡為概略值。

刷牙時

牙齒保養方式視成長情形而有所不同。若孩子討厭刷牙，請設法讓刷牙時間變得更有趣、更好玩。

讓孩子不排斥刷牙的方法

孩子還小時，請將刷牙當成「親子的撫觸時間」。若強迫孩子刷牙，反而會讓孩子心中「刷牙＝討厭」的想法越來越強烈。無法幫孩子刷牙時，只用紗布擦拭牙齒也OK。

幫孩子刷牙的重點在於不要焦急，即使只能完成一點點，還是要每天嘗試，慢慢讓孩子接受「這是每天都要完成的事」。此外，也可以試著設定「家人一起刷牙的時間」，讓刷牙時間更有趣、更好玩，孩子也會想要參加，甚至會主動催促爸媽刷牙。

刷牙時的抱法

單手抱住

在寶寶上下牙齒長出來之前，只要用紗布輕輕擦拭牙齦就夠了。請單手抱住寶寶，讓頭枕在手臂上，用撫摸的力道輕擦全部牙齦。這個方法對緩解長牙時的不適感也很有效。

枕在腿上

讓寶貝躺下，頭放在媽媽腿上。這個姿勢可以讓孩子感受到媽媽腿部的體溫，寶貝也會比較安心。同時，媽媽也可以從上方觀察孩子口腔內的狀況。

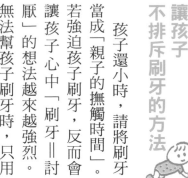

1

用食指和中指 夾住寶寶的嘴唇

讓孩子躺在腿上，伸出食指和中指，比出V字形，左右同時將寶貝的嘴唇夾在中間，再以指腹隔著臉部肌膚按摩牙齦，雙手往兩邊耳朵前方移動。

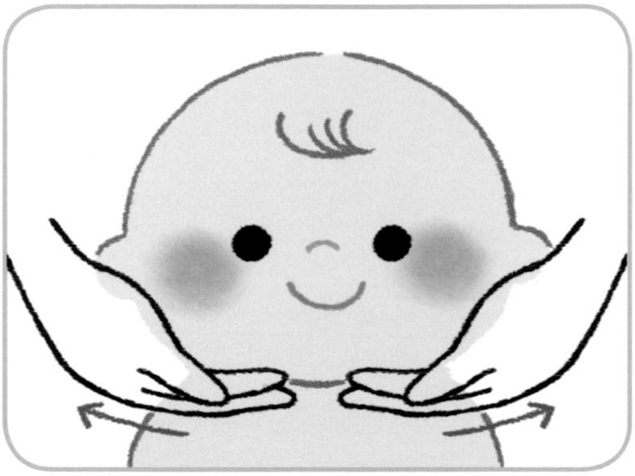

2

夾住下巴，輕撫臉部輪廓

和 1 一樣將手指比出V字形，雙手夾住孩子的下顎骨頭，沿著臉部輪廓輕撫至耳朵下方。

point

請培養刷牙後按摩的習慣

並非只有想要預防蛀牙時才按摩，而是養成習慣，當作每次刷牙後一定要做的事情。養成習慣後，孩子就不會抗拒，能自然而然接受按摩。

孩子討厭刷牙時，該怎麼辦？

利用照鏡子、唱歌等方式讓刷牙時間輕鬆又有趣

乳牙很容易蛀牙，一定要勤加預防。不過，有些孩子偏不喜歡刷牙。若孩子抗拒刷牙時，請讓他躺在媽媽腿上，邊照鏡子邊刷。

單手拿鏡子照出孩子的臉，另一隻手摸孩子的眉毛，告訴他「我們先把眉毛弄乾淨」，再說「接下來是鼻子，嘴巴、門牙」，按順序輕輕撫摸，最後自然地開始刷牙。也建議加入唱歌、搔癢、輕搖身體等遊戲，打造快樂的刷牙時間。

 ※ 寶寶的年齡、月齡為概略值。

洗澡時

洗澡時會脫掉衣服，直接碰觸到肌膚，能夠充分地親密接觸。也有許多好玩的遊戲可以玩喔！

邊用手輕撫邊幫孩子洗背

幫孩子洗澡時，請不要使用海綿或毛巾，直接用手一邊輕撫一邊洗。孩子最喜歡媽媽用柔軟的手替自己洗澡，同時，用手洗澡還可以立刻了解孩子現在的肌膚狀態。等孩子再大一點，就可以讓他幫媽媽洗背了。

一起泡澡時，可以玩玩具或是唱唱歌，或玩肌膚接觸的小遊戲。直接碰觸彼此的肌膚，能夠讓肌膚接觸更密切。

遊戲

用洗髮精玩變身！

6個月～

挑戰看看各種不同的髮型！

用洗髮精搓出泡泡，在頭上覆蓋滿滿的泡沫，或是將頭髮豎成一根尖角、搓成圓形，試著做出各種造型吧！

point

能讓孩子愛上洗頭？

好玩的變身遊戲或許會讓原本不喜歡洗頭的孩子也覺得有趣喔！不過要小心別用太多洗髮精。

用手心邊按摩
邊搓洗全身

用手代替海綿或毛巾，請搓出肥皂泡泡，再用手心輕輕搓洗。等孩子長大一點，就可以試著對他說「這次換你來替媽媽洗背囉！」

point

能夠立刻察覺
孩子的細微變化

用手心直接碰觸孩子的肌膚，能夠幫助了解孩子肌膚的狀態，進而容易察覺細微的變化。學齡之前的幼兒，肌膚特別薄，建議洗澡時盡量用手代替其他工具。

按摩

用手搓揉身體

寶寶在浴缸裡
仰躺漂浮

讓寶寶正面朝上，仰躺漂在浴缸中。嬰兒時期，孩子的身體是放鬆的，因此很容易浮起來。玩漂浮遊戲時，媽媽請別忘了視線要一直看著寶寶，並伸手支撐寶寶的身體。

point

泡熱水澡時
注意不要泡太久

睡前泡熱水澡，可能反而會讓寶寶失眠。想跟寶寶多玩一會時，請離開浴缸，在浴室裡玩。

遊戲

在浴缸裡太空漂浮

※ 寶寶的年齡、月齡為概略值。

哄睡時

想順利哄孩子入睡，重點是要讓孩子放鬆身心。請藉由溫柔的撫觸，讓孩子舒服進入夢鄉。

睡前最好有固定的儀式

哄孩子睡覺的重點在於「建立睡前的儀式」，例如讀繪本、幫孩子按摩等。爸媽可以一起睡在孩子兩邊，將孩子夾在中間。陪孩子睡覺是優良的日本文化，媽媽的心跳聲和體溫會讓孩子感到安心，因而更容易入眠。母子睡眠週期也會同步。

輕拍背或是腿，孩子會更清楚感受到媽媽就在身邊，也會更容易入眠。

撫觸

輕輕拍背

0個月～

用能放鬆的節奏輕輕拍撫

媽媽躺在孩子身邊，用緩慢的速度輕拍孩子的背。拍背時可以一邊唱歌一邊拍。當孩子好像快睡著時，請保持安靜。

point

挑一首「晚安歌」

決定一首「晚安歌」，這樣當唱歌時，孩子就知道已經到了該睡覺的時間。

撫觸

夾住孩子的腿

感受媽媽的體溫
安心入眠

母子面對面一起躺下，媽媽用雙腿輕輕夾住孩子的腿。母子身體相貼，安心又溫暖，讓寶貝舒服進入夢鄉。

point

哄睡時請溫暖寶貝的腳

雙腳如果冰冷，就不容易睡著。這個方法可以藉由媽媽的體溫溫暖孩子的小腳丫，特別推薦在天氣寒冷時使用。

撫觸

同時哄睡兩個孩子

媽媽睡在中間
兩邊都能肌膚接觸

同時哄兩個孩子睡覺時，媽媽最好躺在中間，背貼著其中一人的身體，再伸手輕拍另一人的背。哄睡的重點在於媽媽與孩子身體要相貼，讓孩子感受到媽媽的體溫。

point

偶爾變換姿勢&碰觸方式

哄睡時，媽媽請偶爾變換躺臥方向，讓兩個孩子都能平等感受到媽媽的愛。

 ※ 寶寶的年齡、月齡為概略值。

Column

第二個孩子出生後的親密接觸訣竅

第二個孩子出生以後，媽媽的母愛比例也會在不知不覺中改變。這時，更需要和老大多多親密接觸。

偶爾要像照顧小的一樣把老大當成寶寶照顧

第二個孩子出生之後，常會因為照顧剛出生的孩子太忙碌，導致老大認為弟妹搶走了媽媽的愛而出現退化行為。特別是在弟妹出生前非常疼愛老大，悉心照顧的爸媽，遭遇到的退化情形會更嚴重。

發生這種狀況時，爸媽必須多關心老大的心情。請在弟妹睡著或較有空閒時盡量多抱抱老大，告訴他「有你在，爸爸媽媽好開心喔」。或是視情況，嘗試像照顧弟妹一樣，把老大當成小寶寶一樣照顧。孩子想要撒嬌的需求得到充分滿足後，退化情形就會恢復。相對地，對弟妹來說，老大是一開始就在的兄姊，因此只要得到一定程度的關愛就能滿足。

前輩媽媽VOICE

先幫老大按摩再幫弟妹按

我老是會不小心先照顧妹妹，有一次惹得姊姊大哭抱怨「太奸詐了！」從那之後我就反省，現在我都會先幫姊姊按摩。

沙耶香（31歲）

親子3人一起享受按摩樂趣

我們家的按摩模式是我幫老大按摩，老大同時幫小的按摩。大家一起參加，感覺很有趣，老大也很開心。

FU（36歲）

同時幫兩個孩子按摩

一起並排躺好
按摩小肚肚

讓兩個孩子仰躺，媽媽用兩手同時幫兩人按摩。以肚臍為中心，順時針在肚子上畫圈圈。同時讓兩個孩子體驗到被撫觸的舒適與安心感，透過自然的方式讓他們近距離感受到彼此。

面對面坐著
摸摸他們的背

兩個孩子彼此手相貼，雙腳相抵，面對面坐好，媽媽雙手從上到下輕撫兩人的背。這個姿勢可以讓兩個孩子看到對方的表情，透過肌膚感受到彼此的喜悅，自然加深手足親情。

Column

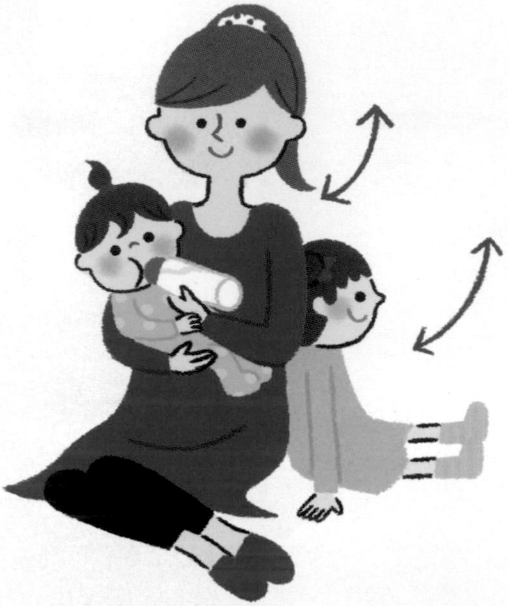

忙於照顧弟妹時

媽媽可以一邊照顧小的孩子，一邊和老大背貼背，左右輕輕搖晃，或是前後推動身體，玩蹺蹺板遊戲。即使受到的照顧不同，只要能以不同形式觸碰孩子，傳達媽媽的體溫和用心，老大也會感到安心。

兄弟姊妹一起玩遊戲

媽媽伸直雙腿坐下，讓小的坐在後面，老大坐在前面，接著上下輕晃雙腿，和兩個孩子一起玩坐電車的遊戲。媽媽請用雙手撐住小的孩子，不要讓孩子摔下來。最後再說「終點到了！」接著張開腿，讓兩個孩子坐到地上，會玩得很開心！

PART
7

給爸爸、媽媽的按摩法

孩子出生後，雙親都會變得忙碌，
甚至會讓夫妻間的親密接觸急遽減少。
夫妻感情好，對孩子也會有很多正面的影響。
試著幫彼此按摩，加深夫妻之間的感情吧！

製造夫妻互相接觸的機會

您是否整天忙著照顧孩子，而忘了夫妻之間該有的親密關係呢？良好的夫妻關係，也是孩子健全發展的必要條件之一唷！

夫妻的接觸 也會對孩子造成影響

經常聽說在孩子出生後，家人由於家務分擔改變，夫婦之間的肌膚接觸急遽減少的案例。與歐美相較，日本的夫妻發生這類情形的傾向更加強烈。這樣的狀況並不是好事。已有調查結果顯示，夫妻之間肌膚接觸較多的家庭，親子之間的接觸也會比較多。換句話說，**夫妻先藉由肌膚接觸培養良好的關係，心有餘力時，才能夠好好愛孩子。**

男女對肌膚接觸 有不同的觀感

女性原本就比較喜歡肌膚接觸，能夠藉由觸摸感受到對方的愛。相對地，男性（特別是已婚男性）當中有不少人覺得妻子的接觸是帶來某種束縛或壓力。

請理解這樣的感受差距，碰觸對方前，盡量先觀察對方的情緒。媽媽幫爸爸按摩時，請盡量自然，不要太過刻意。接受對方的按摩後，也要交換幫對方按摩。**這種互相體貼的心情，能加深夫妻的感情。**

如果爸爸與媽媽感情好，對孩子也會有許多正面影響。

在日常生活中增添一些親密接觸

在日常生活中積極增加會讓彼此開心的肌膚接觸，
主動表現愛情與感謝的心情，是非常重要的事。

爸爸對媽媽

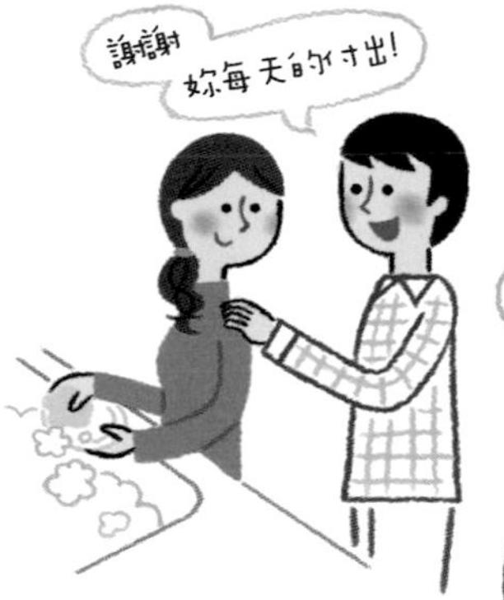

藉由肌膚接觸表達內心的感謝

記得說些慰勞對方的話，例如「謝謝妳每天的付出！」「今天也很辛苦吧！」替妻子按摩肩膀、雙手，用親密接觸表現對妻子每天操持家務與辛苦育兒的感謝。

媽媽對爸爸

肌膚接觸最好以自然的方式，不需太刻意

過多的肌膚接觸，可能反而造成對方精神上的壓力。可以試著在丈夫出門前或回家後不經意地拍拍他的肩膀，體貼一下。按摩也盡量順著對話，自然地進行。

前輩媽媽VOICE

我和老公感情好寶寶也會特別開心

有一段時期，我因為不適應育兒生活而心浮氣躁，忍不住會遷怒老公。那陣子寶寶也常常心情不好，家中的氣氛很差。我發現不能再這樣，反省後夫妻感情變好，寶寶心情也好轉了。家中的氣氛好壞，寶寶真的都知道呢！

丸子（28歲）

安排時間幫彼此按摩

孩子出生後，整天都忙著照顧小寶貝，夫妻兩人相處的時間變得非常少。當我發現「最近都沒有跟老公好好聊天」時，就會安排時間幫彼此按摩一下。按摩的時候可以聊各種事情，真是一石二鳥！

葉子（30歲）

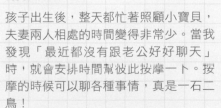

工作了一天，疲累回到家的爸爸最需要的是溫柔體貼！利用睡前或洗完澡的空檔幫他按摩按摩吧！

頭

適用症狀

掉髮、頭痛、失眠等

1

記住對應症狀的穴道位置

百會穴位於兩耳最高點連結線與臉部中心線交會處，具有治療掉髮、頭痛及失眠的效果。上星穴則位於臉部中心線，約前額髮際往上1公分處，具有改善睡覺打呼、鼻炎的效果。

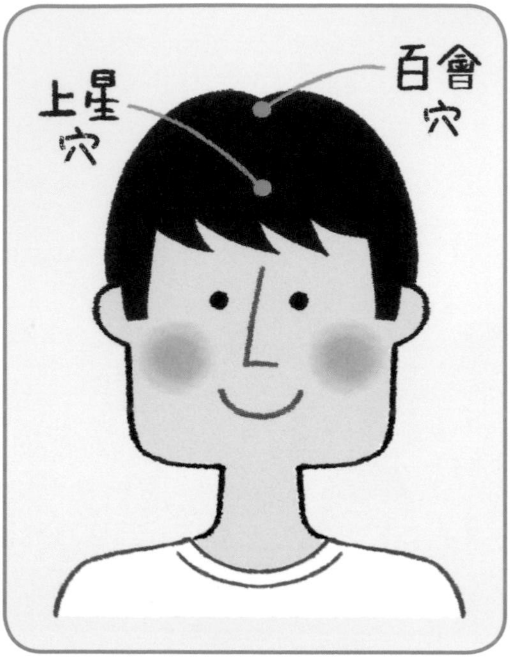

2

用拇指指腹慢慢按壓

雙手拇指重疊，以指腹按壓穴道。盡量調整力道，讓對方覺得舒服。按摩時，一邊按一邊數數，數到1、2時按壓，3、4、5時緩緩鬆開，重複約5次。也可以試著按壓上星穴連接百會穴的連線。

適用症狀

腰痛、失眠、腿部水腫、疲勞等

1 有節奏地以手心按摩腿部後側

爸爸趴下，媽媽以手指按壓爸爸大腿根部直到小腿的整個腿部後側。按摩臀部正下方的承扶穴、大腿正中央的殷門穴、膝蓋內側與腳踝中間的承山穴，並避開膝蓋內側，不要按壓。這個步驟可以改善腰痛等症狀。

2 以拇指用力按壓腳跟的正中央

以拇指指腹慢慢按壓腳跟正中央的失眠穴。這個穴道對難以入眠、淺眠、半夜或凌晨易醒等睡眠障礙都有效果，還可以緩解腿部水腫及疲勞。

3 以拇指按壓足弓上方的湧泉穴

以拇指指腹按摩腳底食趾與中趾正下方，腳底山形（人字）的重疊部位。這個穴道是讓精神如泉水般湧出的湧泉穴，可以改善慢性疲勞、憂鬱、失眠等症狀。

4 讓爸爸的腿放在自己大腿上滾動

爸爸仰躺，雙腿放在媽媽的大腿上。滾動爸爸的雙腿，放鬆腰部肌肉。

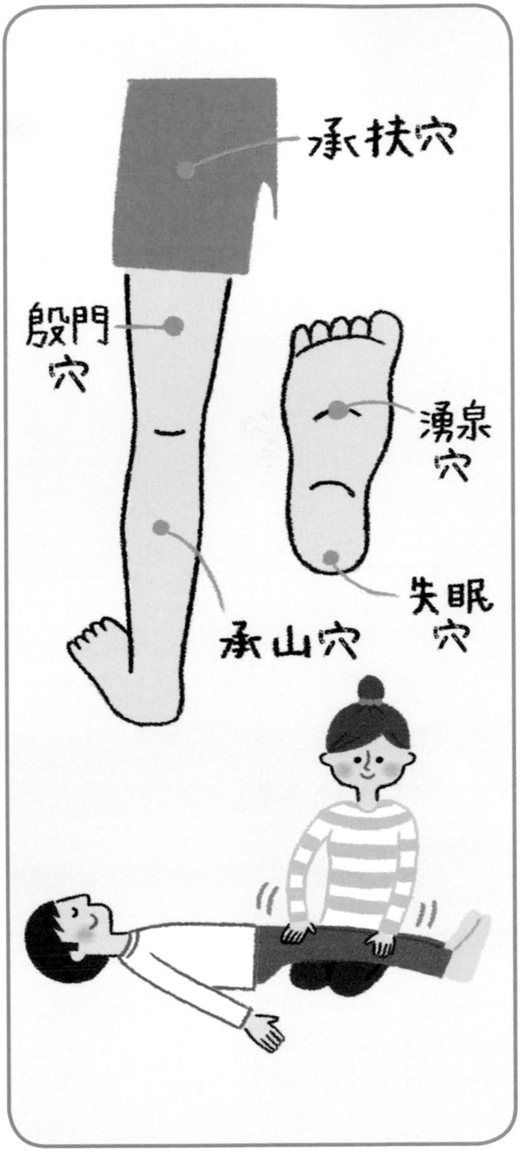

point

利用睡前或洗完澡後的空檔

躺臥按摩只要利用睡前的短暫空檔便能完成，因此建議安排在睡前進行。腿部後側的按摩若能在洗完澡後進行，效果更佳。

結束辛苦生產的媽媽，不僅因育兒忙碌而容易疲倦，身體狀況也仍需要改善。請多溫柔、體貼的幫她按摩。

背

適用症狀

爸爸幫媽媽按摩

母乳問題、肩膀痠痛、預防感冒等

1

撫摩手臂與整個背部

以手心從肩胛骨附近輕壓，向下按摩至腰部。雙手放在肩線上最突出的肩井穴，慢慢用體重按壓。數到1、2時壓下，3、4、5時慢慢放開。

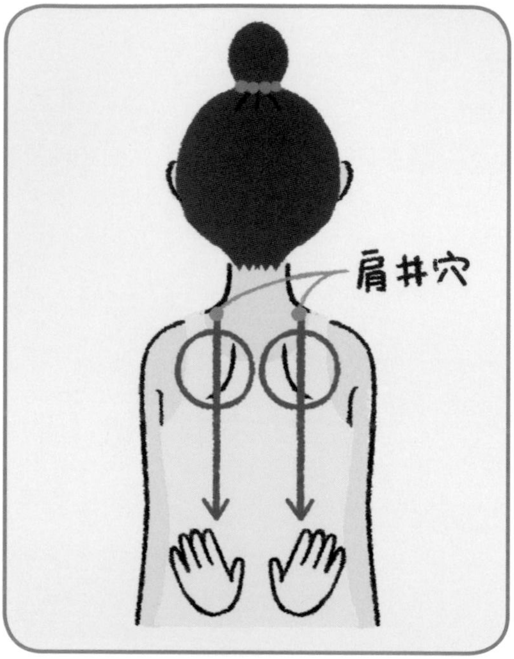

2

沿著肩胛骨繞圈輕按

在兩邊肩胛骨中間的位置順時針畫圈輕按，等背部開始暖和之後，請沿著脊椎從上到下慢慢撫摩，直到脊椎根部、骨盆中央的尾椎附近。這個按摩法可以調理氣血循環。

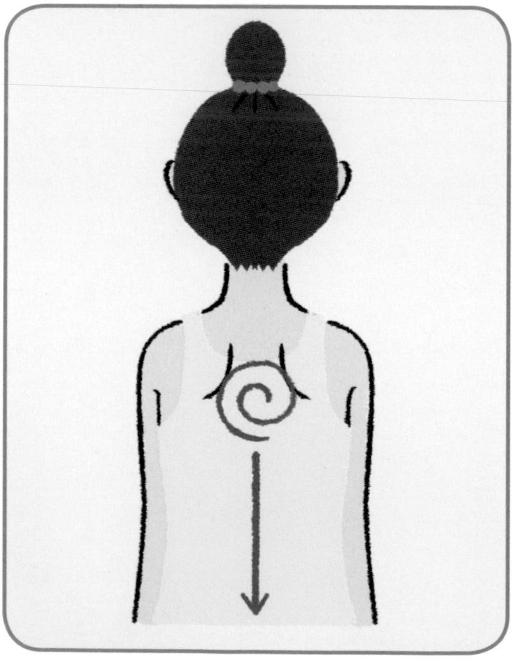

適用症狀

手

煩躁、倦怠、易疲勞、肩膀痠痛等

1 以拇指指腹用力按壓手心

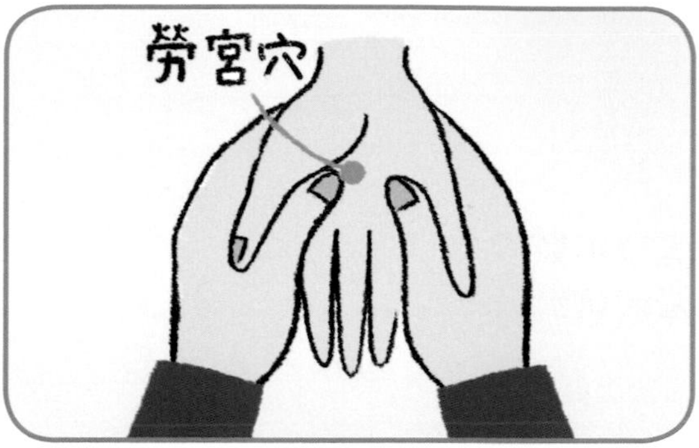

兩手拇指放在媽媽的拇指和小指上，攤開媽媽的手心，接著用兩手拇指按壓整個手心。請一邊詢問媽媽，一邊調整按壓力道。食指與中指間，手心正中央的凹陷處附近有一個稱為勞宮穴的穴道，有消除疲勞效果，請留意多按壓。

2 翻過手背刺激手指之間

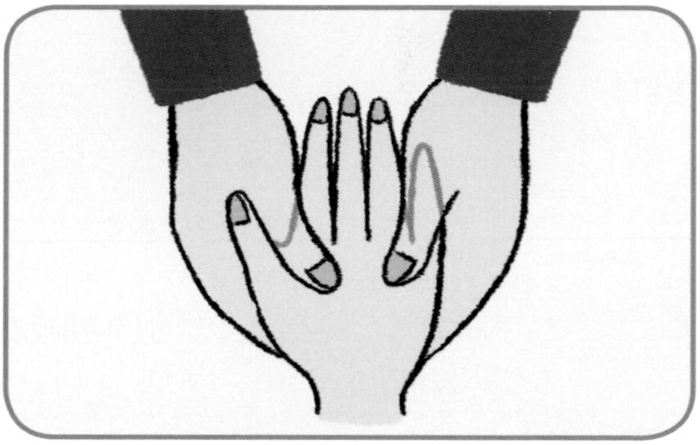

將媽媽的手翻過來，手背向上，按壓每一隻手指的間隙。請一邊數數一邊按摩，數到1、2時用力按壓，3、4、5時慢慢放開，並重複數次。

適用症狀

腳

煩躁、熱潮紅、腿部水腫等

溫暖腳踝到腳尖腳背的按摩法

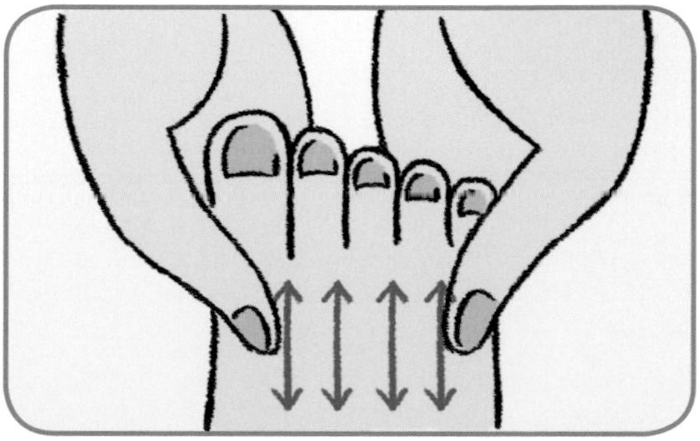

一開始請先輕輕握住溫暖兩邊腳踝，接著將指腹放在腳背的趾骨之間，上下按摩放鬆。以手包覆整個踝關節按壓，再以同樣的方式握住並溫暖冰冷的腳尖。按摩時，媽媽請將雙腳放在爸爸的腿上。

空閒時可以自己來！簡單的自我療癒

接下來要介紹的是育兒空檔時，能自己完成的按摩。
覺得疲累時，隨時都可以做做看喔！

適用症狀

掉髮、失眠、頭痛、眼睛疲勞、肩膀痠痛等

頭

1 雙手握拳 刺激百會穴

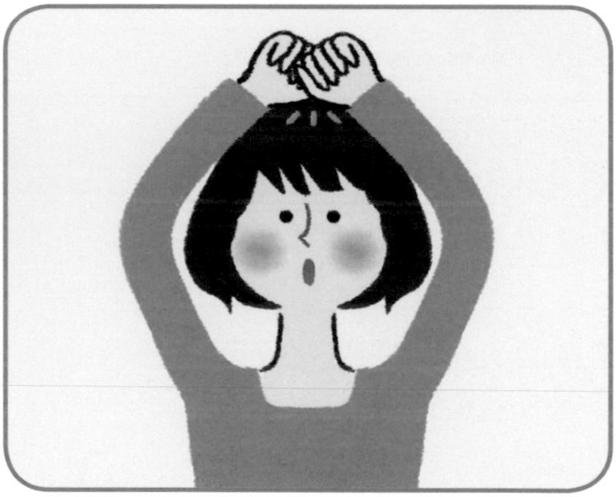

雙手握拳，將拇指包在拳頭裡。將一隻手的拇指指根關節突出處貼在百會穴（P154）上方，再將另一隻手疊在上面，以拳頭的重量將下面那隻手向下壓。按摩時，站著、坐著都OK。

2 以四隻手指 按摩頭部後方

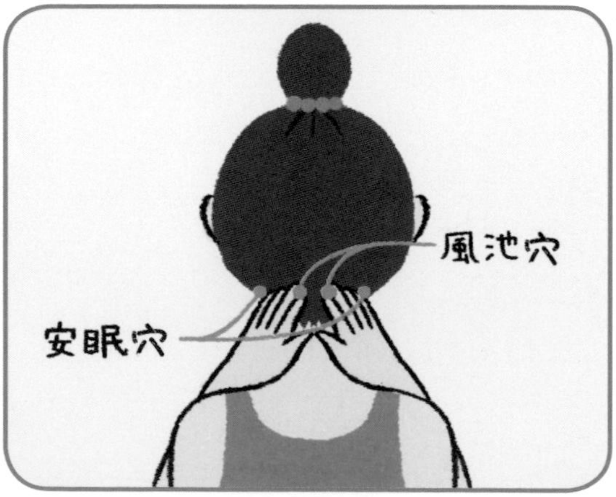

請由頭部後方髮際線稍上方脖子中央凹陷處左右兩邊的風池穴，按摩到耳朵後方突出的骨頭下方的安眠穴。請仰躺下來，豎起雙手的四根指頭，將頭放在手指上，利用頭部本身的重量向下壓，按摩起來會更輕鬆。

脖子

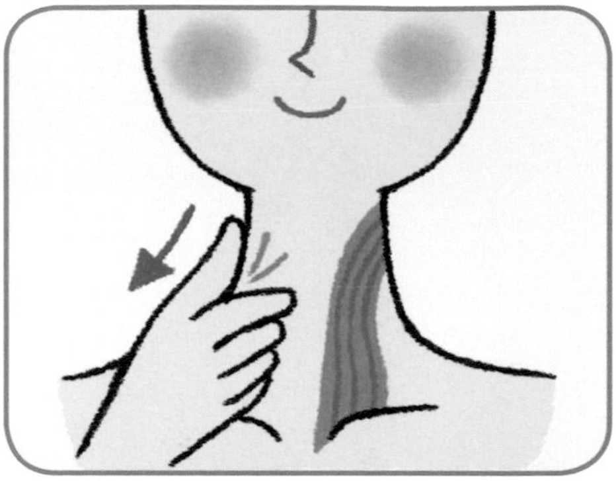

適用症狀

肌膚乾燥、皺紋、黑斑、暗沉等

捏住脖子的肌肉
上下左右輕拉

從耳朵後方隆起的骨頭延伸到鎖骨的肌肉稱為胸鎖乳突肌。胸鎖乳突肌僵硬時，流向頭部、臉部的血液循環就會跟著變差。請用拇指與食指捏住這塊肌肉（如果會覺得痛，請不要勉強），上下左右輕拉，接著稍微改變位置，再重複相同的動作。

耳朵

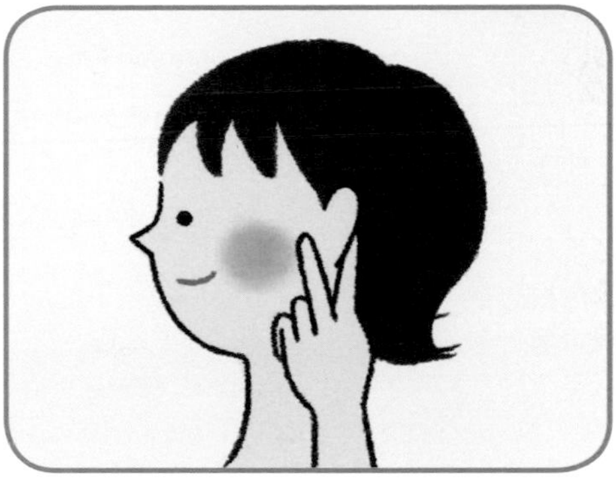

適用症狀

瘦身、戒菸、鼻炎等

以手指夾住耳朵摩擦
調整胃腸運作

食指和中指比出V字形，從下方夾住耳朵，輕輕摩擦10次。以手指撫摩耳孔周圍，若感到悶痛，請仔細按摩該部位。按摩耳朵能調整胃腸運作，可以緩解嘴饞，避免攝取零食及油膩的食物，還有讓香菸抽起來不再美味的效果。按摩時坐著即可。

手臂

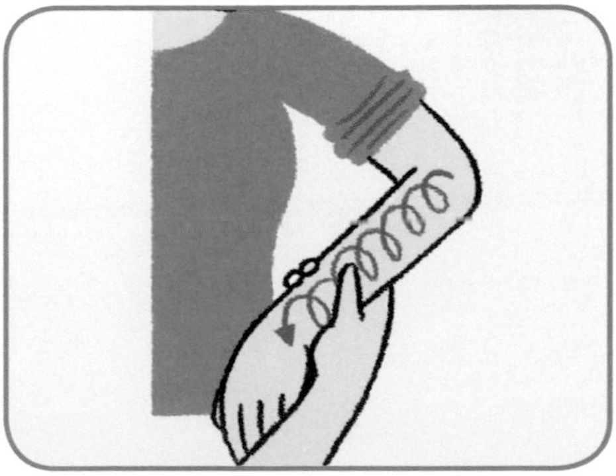

適用症狀

腱鞘炎、肩膀痠痛等

從手肘到手背
揉搓整隻手臂

用單手按摩另一隻手的手臂外側，從手肘直到手背。從上到下揉搓膚色較深的手臂外側，並用同樣的方式按摩另一隻手。按摩時採取坐姿即可。

適用症狀

慢性疲勞、睡眠不足、便祕等

用熱水袋熱敷

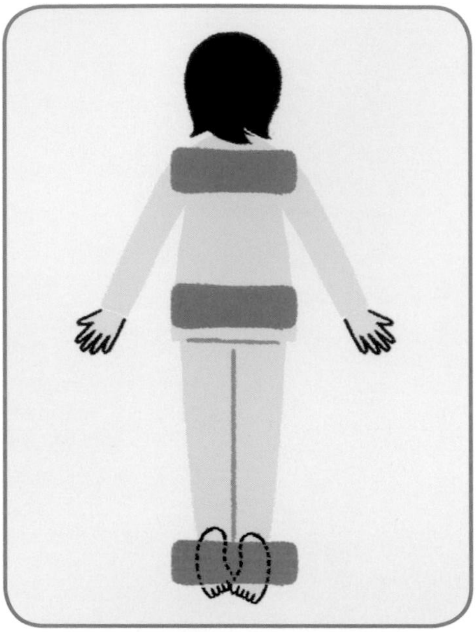

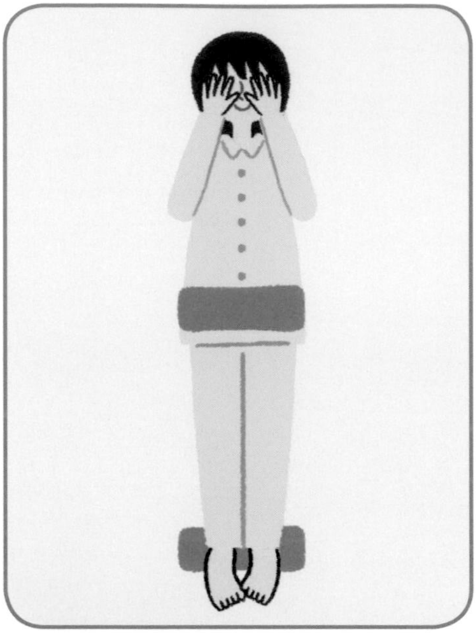

1 俯趴下來，熱敷腳底、腰、背部

俯趴下來，把熱水袋放在腳底上，接著放到腰部（尾椎附近）上面，最後再放到背部（肩胛骨附近）。等到變暖之後，就將熱水袋放到下一個位置。

2 翻過身，熱敷腳踝和肚子

接著仰躺，雙腳放到熱水袋上，熱敷腳踝。接著放到肚子上，最後再將溫熱的雙手手掌放到閉起的眼睛上熱敷。除了睡前以外，熱敷時間都可縮短。

熱水袋的優點

傳統熱水袋，優點在於內部的熱水溫度會慢慢變涼。可以利用溫度差，慢慢緩解身體的僵硬痠痛。使用時只需要裝入熱水，十分方便，也很節省能源。建議在睡前熱敷，能放鬆身心，提升睡眠品質。

熱水袋挑選法

熱水袋有金屬、塑膠、橡膠等各種材質，因為使用時需塞進地板和身體之間，或放在身體上，因此建議選擇較能貼合身體曲線的橡膠材質。

注意！

請確實關上注水口，使用時一定要小心避免燙傷。熱水過熱時，請包上毛巾以調整溫度。

適用症狀

用攬袖帶交叉斜綁

肩膀痠痛、腰痛、頭痛、預防感冒、食慾不振等

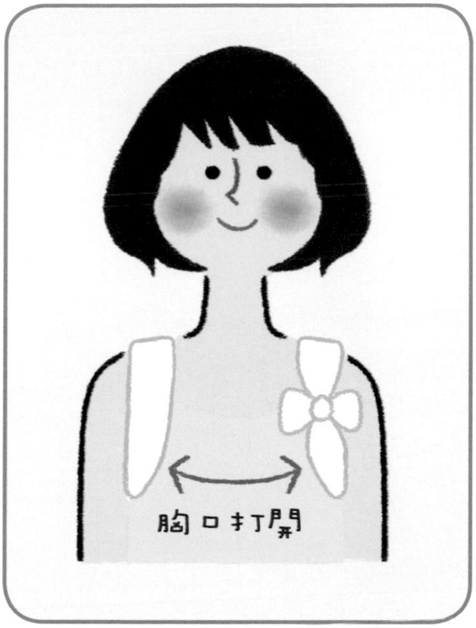

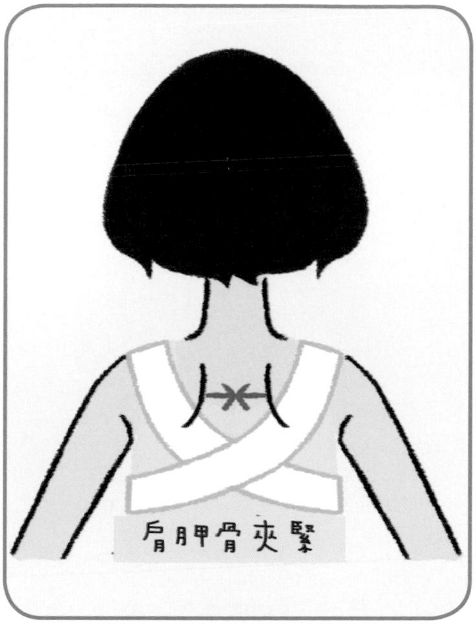

1 先綁上攬袖帶

用嘴巴咬住攬袖帶一端，將帶子往腋下拉後，從另一邊肩膀繞回前面，接著從另一邊腋下穿過，拉到反方向的肩膀，在腋下處將帶子兩端打結。

2 將肩胛骨集中，胸口打開狀態打結

綁好帶子，緊度要讓胸部能確實張開挺起。兩邊肩胛骨靠緊的話，胸口就會自然打開。請確認帶子有確實在背部中央交叉。

做家事時，綁上攬袖帶

傳統的和服攬袖帶，原本是用來綁和服袖子，以方便進行各項作業。其實這條帶子還有緩解肩膀痠痛、腰痛、頭痛等效果，是祖先們智慧的結晶。建議即使不穿和服，也可以在做家事時綁上攬袖帶。

攬袖帶挑選法

只要有一條長度適中的繩子，就可以代替攬袖帶。不過還是建議您選擇較寬的帶子、捲腹帶等類型的背帶。

注意！

太過勉強綁太緊，會使身體更緊繃，反而導致反效果。請不要長時間綁著，只要在做家事等固定時間綁上就好。

Column

開始幫寶寶按摩以後⋯

正在幫寶寶按摩的前輩媽媽們，
已經體會到寶寶按摩的各種效果。
也試著幫爸爸和哥哥姊姊按摩，擴大按摩的範圍吧！

原本不太會應付孩子的老公 現在也按摩得很開心

我老公不太擅長和孩子相處，就算是自己的寶寶，他也不知道該怎麼相處，更不可能和孩子一起玩。我試著手把手教老公幫孩子按摩之後，一開始他還相當害怕，不過後來就慢慢開始享受觸摸寶寶的樂趣了。現在寶寶也很喜歡爸爸的按摩，當我家事繁忙時，老公也願意代替我幫寶寶按摩，真是幫了大忙。

綾（29 歲）

幫兩個兄弟一起 開開心心地按摩

我是在第二胎出生後才開始幫孩子按摩，後來 3 歲的老大也會撒嬌叫我幫他按。原本老大在弟弟出生後情緒有點不穩，有時還會欺負弟弟，開始按摩之後，老大穩重了很多。我也反省之前沒有好好照顧老大的缺失，現在我很珍惜幫孩子按摩的時間，會幫兩個孩子一起按摩，大家都很開心，感情也超棒的！

真理子（35 歲）

學會藉由觸摸肌膚 了解對方的感情

我之前一直因為寶寶缺乏感情表現而感到煩惱，雖然是媽媽，卻不知道自己的孩子到底是高興還是難過。即使只有一點點也好，我很想了解孩子的心情，而開始幫他按摩。在持續撫觸肌膚的過程中，慢慢發現碰觸寶寶哪裡，會讓他高興。之前之所以會覺得寶寶面無表情，或許是因為我沒有努力去理解吧！現在只要幫寶寶按摩，他都會笑得很開心。

小櫻媽媽（26 歲）

了解孩子的成長情形 內心充滿母愛

因為孩子發展比較慢，我總是忍不住什麼事都會拿他跟身邊其他孩子比較，心中充滿焦躁和不安。開始幫孩子按摩之後，我不再在乎其他的孩子，決定好好面對自己的孩子，育兒時也更加得心應手。每天觸碰孩子的肌膚，感覺就像將孩子每天的成長握在手中一樣。只要想到我的寶貝那麼努力在長大，我內心自然而然就充滿了慈愛。

梶梶（31 歲）

PART

8

按摩 Q&A

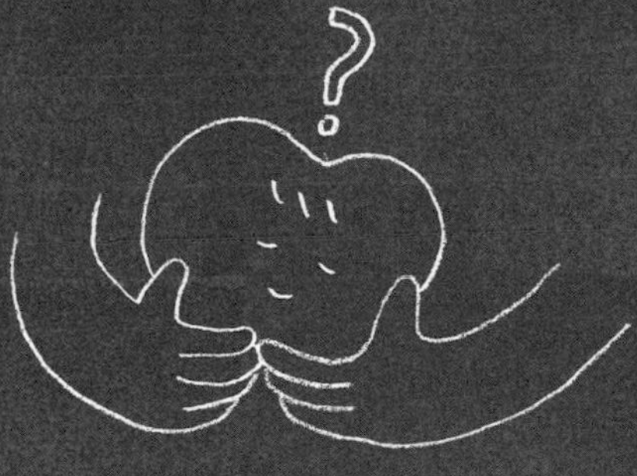

幫寶寶按摩時，
總是會產生許多疑問，
例如「可以這樣按嗎？」、
「遇到這種情況該怎麼處理？」
本單元將針對各種煩惱疑惑做解答，提供您當作參考。

這種情況該怎麼處理？

按摩方法篇

Q 按摩最好要每天按嗎？

A 每天都按，可以調整規律的生活步調。

每天都在同樣的時間按摩，有助於調整規律的生活作息。養成睡前按摩的習慣之後，每當按摩時身體就會知道「該睡了」。習慣一大早按摩，身體也會記住這是「起床的時間」。

此外，身體狀況的變化會顯現在表面（皮膚）上，因此每天觀察皮膚，有助於預防疾病。不過，即使沒有每天按摩，仍然可以發揮肌膚接觸的效果，因此不用勉強自己天天幫孩子按摩。

Q 可以改變按摩步驟的順序嗎？

A 請自行安排方便做的順序！

按摩順序只是一種範例參考，不需要全部照做。太過堅持按摩的步驟與次數，按摩時反而有可能心不在焉，弄巧成拙。按摩時請自由調整順序，從方便著手的地方，或是孩子喜歡的部位開始。請不要忘了，按摩最大的目的是讓孩子舒服。因忙碌而沒空按摩時，也可以只按簡單就能完成的部位。

Q 每次按摩的都是同一個人，這樣OK嗎？

A 同一個按摩者持續按摩越久，越有效。

彼此碰觸是了解對方的過程，因此，和同一個對象長期撫觸越久，安心感、信任感就會越來越深。每次都由同一個人撫觸，久而久之，便能敏銳察覺細微的異狀，掌握身體狀況的變化。

從孩子的立場來看，如果每天除了爸爸、媽媽，還有各式各樣的人幫自己按摩的話，孩子肯定也會覺得不安，無法冷靜。

Q 什麼樣的狀況下不適合按摩？

A 孩子如果不喜歡，就不要勉強。

當孩子抗拒按摩時，不可以勉強他。

爸爸或媽媽心情煩躁時，也請不要幫孩子按摩。因為心情會反映在手部，心浮氣躁時，雙手的動作也會僵硬、粗魯，被按摩也不舒服。孩子也會被父母焦躁的情緒感染而覺得心情不好，造成反效果。

此外，當孩子非常疲倦、沒精神，身體狀況不理想時，或是明顯出現和平常不同的異狀時，請先停止按摩，讓孩子休息，並多觀察情況。

Q 適合按摩的時間是？

A 只要能開心，什麼時間都可以。

只要親子彼此能愉快、舒適，選在什麼時間點都可以。

白天寶寶較活潑好動，可以一邊玩遊戲一邊按摩。選在晚上睡前，則有放鬆身心的效果，能讓寶寶睡得更香甜。

Q 需要根據不同時間點，改變按摩方式嗎？

A 玩遊戲時節奏可以快一點，睡前請放慢速度。

和孩子玩遊戲時，可以加快手部動作，像彈跳一樣有節奏地移動雙手。孩子早上剛起床，或是有點愛睏時，也可以藉由較快的動作喚醒寶貝。

晚上睡覺前，或是需要放鬆時，則要放慢雙手的速度，將手貼在寶貝身上。安撫孩子時，一樣也要把速度放慢。

這種情況該怎麼處理？

寶寶按摩篇

Q 寶寶出生後，多大才可以開始按摩？

A 可以馬上開始，但必須循序漸進。

寶寶出生後，馬上開始按摩也不會有問題。

不過，在寶寶滿月前，請以雙手不動，只是放在寶寶身體上的「放置法」為主，包覆、撫摸寶寶全身。等到親子彼此都慢慢習慣按摩後，再開始一點一點移動雙手。

可以開始用基礎按摩法的理想時間，大約是寶寶做完滿月健檢後。

Q 不知道該如何調整力道。

A 撫摸、摩擦就是最基本的按摩力道。

寶寶按摩和「又痛又舒服」的成人按摩完全不同，當按摩對象是寶寶時，不可以隨便揉搓、按壓。其實，撫摸、摩擦就是幫寶寶按摩時最理想的力道。請利用媽媽手掌本身的重量，在寶寶的肌膚上滑行移動。

以兩隻手指夾住寶寶肌膚畫圈時，請用「夾豆腐」的力道來夾。將雙手放在寶寶的肚子等部位熱敷時，請絕對不要用力，只要利用手掌本身的重量就夠了。

Q 寶寶根本聽不懂，也要跟他說話嗎？

A 請積極對寶寶說話。

有不少媽媽都對「邊對寶寶說話邊按摩」的效果有疑問，不過，據說聽不懂話語的寶寶以及幼兒，藉由五感來感受對方心情的能力特別高。

媽媽在說出溫柔的話時，表情自然會變得柔和慈祥，孩子看到這樣的表情，便會覺得安心。溫柔說話時，話語的節奏和音調都會讓寶寶覺得舒服、放心。此外，「舒服嗎？」「這裡感覺怎麼樣呢？」也是很重要的話。按摩者的體貼會從聲音反映到表情及雙手動作上，寶寶雖然沒有用言語回應，但其實已經充分了解您的用心。

Q 寶寶不喜歡我碰觸他的臉，該怎麼辦？

A 請在照顧寶寶時，自然地摸摸看。

寶寶的臉和大人一樣，都是非常敏感的部位。一旦有過不舒服的經驗之後，必須花上一段時間才能讓寶寶習慣。適應過程中，寶寶可能會不讓別人碰觸臉部。

當寶寶抗拒、哭泣時，請絕對不要勉強他。可以在刷牙時，若無其事地幫寶寶按摩嘴巴周圍，或是在寶寶流鼻水時快速輕撫鼻子周圍。不要把碰觸臉部當成唯一目的，而是在平時照顧寶寶時趁機稍微撫觸寶寶的臉。

洗澡時也是較容易碰觸寶寶臉部的機會，請一定要試著挑戰看看。

Q 寶寶還小，我不敢彎曲他的手腳。

A 在關節能夠自然彎曲的幅度內，不會有問題。

活動寶寶的關節時，確實需要謹慎小心，但如果太過緊張，效果也會減半。彎曲寶寶的手腳時，請不要太過用力，一邊確認「關節可以彎到這裡」一邊多嘗試。

在寶寶手腳能自然彎曲的範圍內，並不會有問題。

Q 按摩時，寶寶都會爬著逃走。

A 試著唱唱歌，吸引孩子的注意吧！

媽媽以「拚了命也要幫寶寶按摩」的氣勢靠近時，寶寶會猶豫不前。請藉由唱歌等方式一邊吸引寶寶的注意，一邊按摩，會比較輕鬆。

媽媽如果在寶寶很有精神地玩要時幫他按摩，寶寶當然會逃走。請配合孩子的生活作息，舉例來說，選在寶寶想睡的時段按摩。

Q 按摩能讓孩子的頭型長更好嗎？

A 請平均按摩整個頭部。

寶寶的頭骨還很柔軟，因此很容易變形。如果在意孩子的頭型，請不要放過任何一個角落，輕撫寶寶的整個頭部。按摩能夠促進塌扁部位的血液循環，幫助頭型恢復。

有的寶寶仰躺時頭常常會有一直朝向同一邊的情況，情況較嚴重時，如果發現寶寶頭又朝向同一邊，請撫摸整個頭部。這個按摩方法從寶寶出生後到滿半歲前效果很好，建議在1歲前都可以使用。

頭部變形多半在寶寶滿1歲時就會漸漸不明顯，爸媽不須太過擔心。

Q 按摩到一半，寶寶想喝奶怎麼辦？

A 先休息一下，餵寶寶喝奶。

寶寶想喝奶時，請先停下來稍微休息一下，先餵寶寶喝奶。寶寶抗拒時，即使繼續按摩，寶寶也不會覺得舒服。喝完奶之後，先休息一下，再繼續按摩吧！

Q 寶寶正在睡覺時，可以幫他按摩嗎？

A 請盡量在寶寶清醒時按摩。

寶寶按摩最重要的關鍵，在於媽媽和寶貝必須一邊互動，一邊進行。

或許有些媽媽會認為寶寶睡著時不會抗拒，也不會亂動，按摩起來應該會很輕鬆。

但是，在寶寶睡著的時候按摩，就無法和寶寶互動。因此，很遺憾，在寶寶睡著時按摩，並沒有太大的意義。

盡量在寶寶清醒的時候按摩，讓親子都能享受互動的樂趣。

Q 我是第一次幫寶寶按摩，有什麼訣竅嗎？

A 請以像在「安撫」的感覺摸摸寶寶吧！

聽到按摩，或許大家心中都覺得「就是要又按又揉」。

然而，寶寶按摩的基本原則，其實是如同孩子哭泣時拍背安撫，或是摸頭一樣的感覺，撫觸寶寶的身體。

請記得這種「安撫」的感覺，輕輕拍撫孩子的身體，這樣的按摩方式就能讓孩子覺得舒服。

不要把按摩想得太複雜，只要多摸摸寶寶覺得舒服的部位，應該就可以慢慢抓住按摩的訣竅。

Q 按摩到一半，寶寶睡著了，該怎麼辦？

A 就讓他慢慢休息吧！

許多孩子都會因為按摩後全身血液循環變好而昏昏欲睡。這種情形代表寶寶信任媽媽，身心因而放鬆，因此不需要刻意叫醒寶寶做完整套按摩。

寶寶在按摩途中睡著時，請幫他蓋上毛巾被等保暖物，避免按摩後溫熱的身體急速降溫，就這樣讓寶寶好好休息。等寶寶醒來時再繼續按摩，或是保留到隔天再做。

Q 寶寶趴睡時，也可以幫他按摩嗎？

A 請在短時間內盡快結束。

讓脖子還沒長硬的寶寶趴著按摩，或許有些媽媽會稍感不安。趴著的按摩，請盡量縮短按摩時間，並盡快結束。如果寶寶在按摩途中睡著，請將寶寶從趴姿調整成臉朝上的姿勢。

擔心寶寶趴睡會造成不良影響，或是想多加強背部按摩時，建議您可以將寶寶抱著按摩。

這種情況該怎麼處理？

幼兒按摩篇

Q 孩子長大以後，就不喜歡按摩了，怎麼辦？

A 請設法引起孩子的興趣。

有些孩子在嬰兒時期很喜歡按摩，但長大後有一段期間會開始抗拒。其實，孩子會抗拒按摩，幾乎都沒有什麼特定的原因，純粹是基於當時的心情，爸媽不須太過在意。特別是抗拒期的孩子，許多時候很難相處，請體認到孩子正處於尷尬時期，多包容他的行為。

可以試著只按摩背部或手腳等部位，會發現孩子其實不太抗拒，請慢慢從這些部位開始撫觸。孩子喜歡「很大、很強、很帥（或很可愛）」等特質，爸媽可以嘗試對孩子說「幫你按摩手手，你的手手就會變大囉！」設法引起孩子的興趣。

Q 2歲才開始按摩，會不會太晚？

A 幾歲都沒問題。請花心思邀孩子按摩。

按摩不管從幾歲開始都沒有問題。請懷抱著「好可愛，好想摸摸他」的心情，試著請寶貝讓爸媽按摩。若在孩子長大後才開始按摩，請配合孩子的發展，設想出適合的邀請方式。

Q 第二胎出生後一年都沒按摩，還能重新開始嗎？

A 請重新開始按摩，多摸摸孩子。

在第二胎出生後，由於生活忙碌，漸漸不再幫孩子按摩，這樣的案例並不少見。請一定要重新開始幫孩子按摩。當您忙於照顧小寶寶時，老大一定會感到寂寞。請多幫老大按摩，讓他了解爸媽還是關心他的。

Q 按摩要持續到幾歲比較好？

A 並沒有特殊的年齡限制。

按摩並沒有年齡限制，不管是小學生、國中生、高中生、成人、老人家，都可以藉由人與人之間的碰觸療癒身心，補充元氣。

孩子上了小學以後，親子之間接觸的時間會大幅減少。不過，當您覺得孩子有點無精打采時，請試著邀請他「要不要我幫你按摩腳？」

當身體放鬆時，心門也會跟著敞開，即使是平常不太愛說話的孩子，也會藉著按摩的機會說出許多內心話。

Q 孩子膩煩時，有能分散注意力的方法嗎？

A 請在孩子感到厭倦前結束按摩。

幫孩子按摩時，請在孩子開始厭倦前結束，時間大約以5～10分鐘為基準。如果孩子覺得5～10分鐘也很久，您可以試著分成數次按摩。若孩子無法集中精神時，建議先休息一下，轉換心情，再重新開始。

Q 老大模仿我的動作，幫弟弟妹妹按摩，我應該制止嗎？

A 請耐心教導孩子正確的按摩方式。

老大模仿媽媽的動作，幫弟弟妹妹按摩，代表他很喜歡媽媽幫自己按摩，所以也想要幫弟弟妹妹按摩，這是一種溫柔體貼的表現。這時請不要制止孩子，耐心教導他正確的按摩方式。

幫弟弟妹妹按摩的部位以手腳為宜，請叮嚀孩子「按摩時不要用力壓，輕輕摸就好喔」。

Q 幫孩子按摩時，他都不肯躺下來。

A 請利用剛起床或睡前的時間按摩。

如果孩子喜歡站著按摩，也沒關係。但按摩時如果太匆忙，效果也會減半。站立時，人的身體比較難放鬆，因此建議還是坐下或躺下，效果會比較好。

若孩子不願意為了按摩而躺下來，可以選擇早上剛起床或是晚上睡前，孩子已經躺下的時間按摩。當孩子玩得正開心時，如果打斷他要他躺下，孩子會抗拒也是正常的。您可以試著改變邀請孩子按摩的時間和時機。

Q 若在嚴重的抗拒期，該怎麼幫他按摩？

A 建議用能刺激好奇心的肌膚接觸。

孩子到了讓媽媽手足無措的抗拒期，或許連按摩都無法像之前一樣順利。遇到這種情況時，建議您不要強迫孩子，多選擇能夠刺激抗拒期孩子好奇心的觸碰方式。

您可以試著將孩子的手放在您的胸前，讓他感受心臟跳動的聲音，或是一起尋找孩子的胸口、手腕的心跳頻率。

抗拒期的孩子會反抗許多事物，但內心仍然很想撒嬌。當孩子態度坦率時，請多幫他按摩，補足平常欠缺的部分。

Q 孩子過了3歲，還是完全不讓我觸碰。

A 請試著用加入遊戲性質的肌膚接觸。

肌膚接觸的方法並不限於按摩。3歲正是喜歡外出玩耍的年齡，除了爸爸媽媽，孩子還會交到同年齡的朋友，開始認識這個多采多姿的世界。

請不要因為無法幫孩子按摩而沮喪，多配合孩子的發展，找出合適的接觸方式。

建議爸媽多試著和孩子玩碰觸身體的遊戲，例如比腕力、機器人走路（P113）等等。3歲正是對遊戲性的事物有興趣的年齡，請和孩子一起享受遊戲的樂趣。

Q 1歲後，還用嬰兒時的力道按摩OK嗎？

A 用幫嬰兒按摩的力道就可以了。

孩子長大之後，還是可以繼續用嬰兒時期的按摩力道幫他按摩，基本上不會產生問題。請不要用力推壓、揉搓，單純利用手掌本身的重量，在孩子的皮膚上以滑行的方式溫柔撫觸。

輕撫孩子的身體時，如果摸到冰冷、粗糙等令人在意的部位，請將手掌放在上面熱敷。您會發現肌膚的觸感慢慢改變。

Q 孩子抗拒時，還要幫他按摩嗎？

A 孩子如果不喜歡，請不要幫他按摩。

孩子跟大人一樣，也會有心情好、心情不好的時候。孩子抗拒按摩時，請千萬不要勉強他。先靜靜觀察，等他冷靜下來。相反地，當孩子催促您幫他按摩時，不要覺得麻煩而虛應了事，請和孩子面對面，好好幫他按摩。當然，按摩並不是只有在孩子主動要求時才回應，即使孩子沒有開口要求，爸媽也要常常邀請孩子一起按摩喔！

Q 滿1歲之後，按摩有什麼要注意的地方嗎？

A 請開始幫他全身按摩。

孩子滿1歲後到完全斷奶的這段期間，請幫他按摩全身每一個角落。這樣可以促進消化，幫助營養輸送到全身。在孩子完全斷奶後，身心也已經充分成長，請配合孩子的發展，調整按摩方式與按摩部位。

國家圖書館出版品預行編目 (CIP) 資料

百萬媽咪都想學的寶寶按摩聖經：解決 0-4 歲 20 種不適 & 行為症狀，促進身體、大腦發展、穩定情緒，讓寶寶更好帶！/ 山口創，山口綾子著；劉淳翻譯 . -- 初版 . -- 新北市：大樹林，2015.11
面； 公分 . -- (自然生活；15)
ISBN 978-986-6005-48-0(平裝)
1. 育兒 2. 按摩
428　　104019718

Natural Life 自然生活 15

百萬媽咪都想學的寶寶按摩聖經

解決 0~4 歲 20 種不適 & 行為症狀，促進身體、大腦發展、穩定情緒，讓寶寶更好帶！

作　者 / 山口創、山口綾子
翻　譯 / 劉淳
編　輯 / 王偉婷
排　版 / April
設　計 / 果實文化設計工作室
校　對 / 12 舟
出版者 / 大樹林出版社
地　址 / 新北市中和區中山路 2 段 530 號 6 樓之 1
電　話 / (02) 2222-7270　傳　真 / (02) 2222-1270
網　站 / www.guidebook.com.tw
E – mail / notime.chung@msa.hinet.net
FB 粉絲團 / www.facebook.com/bigtreebook
發行人 / 彭文富
劃　撥 / 戶名：大樹林出版社・帳號：18746459
總經銷 / 知遠文化事業有限公司
地　址 / 新北市深坑區北深路 3 段 155 巷 25 號 5 樓
電　話 / (02)2664-8800　傳　真 / (02)2664-8801
初　版 / 2015 年 12 月

定價：300 元　ISBN /978-986-6005-48-0

情緒療癒
芳香療法聖經

色映美穗◎著　定價：350 元

精油香氣可以穿透內心，觸碰靈魂深處的自己。
透過芳香療法的撫慰，我也逐漸擺脫負面情緒。

本書特色

★【找到專屬精油】：結合色彩心理測驗及精油解析，讓每個人都能順利找到適合自己的個人精油。

★【利用精油療癒情緒】：提供 176 種針對不同煩惱的香氣配方，最完整的情緒對策。

★【認識自己】：和一般靈性彩油不同，作者使用脈輪理論和色彩心理學的心理測驗探索你自己，讓你了解表相的自己、潛意識的自己，以及個人的人格特質。

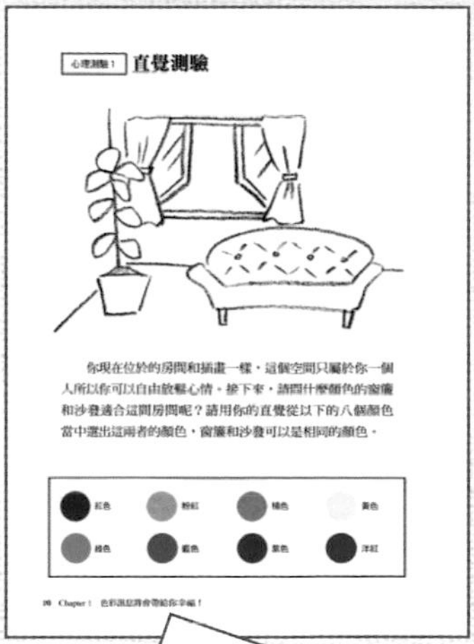

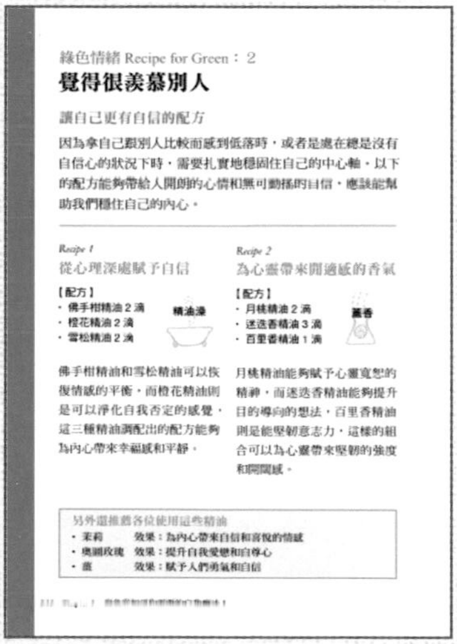

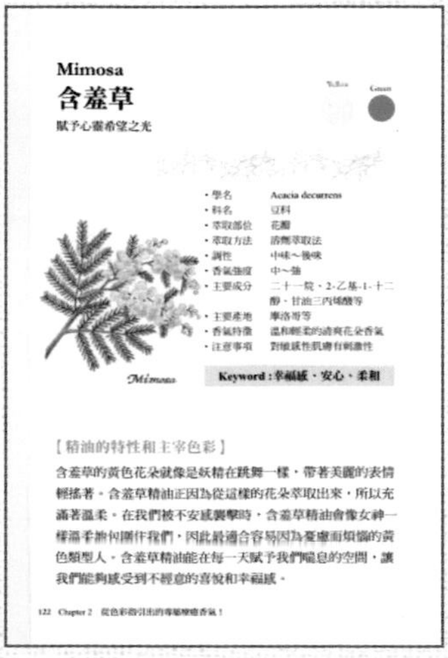

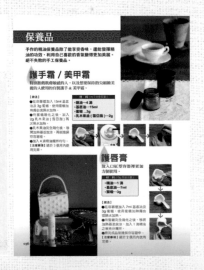

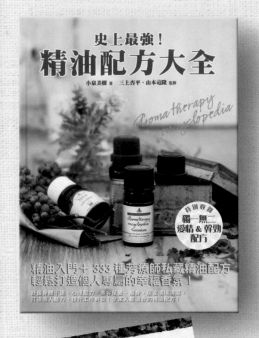

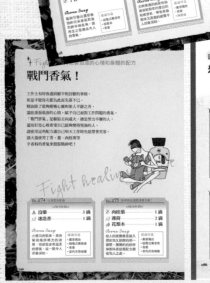

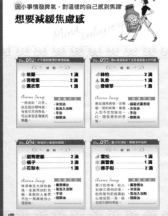